技工院校公共基础课程教材配套用书

数学（第 8 版 下册）（电工电子类）

学习指导与练习

主　　编：贺　燕

参　　编：杨显确　朱翠兰　贺维辉　刘志涛

　　　　　郑少军　刘飞兵　肖能芳　陈楚南

　　　　　丁彦娜　汪志忠

中国劳动社会保障出版社

内容简介

　　本学习指导与练习是技工院校公共基础课程教材《数学（第8版　下册）（电工电子类）》的配套用书，学习指导与练习按照课本章节顺序编排，紧扣教学要求，题型丰富多样。每一节安排学习目标、学习提示和若干个习题单元，每章设有实践活动、复习题和测试题。习题单元和复习题中均设有 A、B 两组题目，A 组题目为基本题，适合全体学生使用；B 组题目为提高题，供教学选用。

图书在版编目（CIP）数据

　　数学（第 8 版　下册）（电工电子类）学习指导与练习 /
贺燕主编.--北京：中国劳动社会保障出版社，2024.
（技工院校公共基础课程教材配套用书）.-- ISBN 978-7-
5167-6721-4

　　Ⅰ.O1

　　中国国家版本馆 CIP 数据核字第 20248KJ638 号

中国劳动社会保障出版社出版发行

（北京市惠新东街 1 号　邮政编码：100029）

*

北京市科星印刷有限责任公司印刷装订　　新华书店经销

787 毫米×1092 毫米　16 开本　8.5 印张　211 千字
2024 年 12 月第 1 版　　2024 年 12 月第 1 次印刷

定价：15.00 元

营销中心电话：400-606-6496

出版社网址：https://www.class.com.cn

https://jg.class.com.cn

目　录

第 1 章

三角函数及其应用

1.1　已知三角函数值求角

学习目标

　　能够利用计算器求出正弦函数值所对应的 $-90°<\alpha<90°$ 范围内的角，余弦函数值所对应的 $0°<\alpha<180°$ 范围内的角．会根据角 α 的正弦、余弦值求出 $0°<\alpha<360°$（$0<\alpha<2\pi$）范围内的角．

学习提示

1. **三角函数的诱导公式**：函数名不变，符号看象限．

$$\left.\begin{array}{l}\sin(\alpha+2k\pi)=\sin\alpha,\ k\in\mathbf{Z},\\ \cos(\alpha+2k\pi)=\cos\alpha,\ k\in\mathbf{Z}\end{array}\right\}（公式一）;$$

$$\left.\begin{array}{l}\sin(-\alpha)=-\sin\alpha,\\ \cos(-\alpha)=\cos\alpha\end{array}\right\}（公式二）;$$

$$\left.\begin{array}{l}\sin(2\pi-\alpha)=-\sin\alpha,\\ \cos(2\pi-\alpha)=\cos\alpha\end{array}\right\}（公式三）;$$

$$\left.\begin{array}{l}\sin(\pi+\alpha)=-\sin\alpha,\\ \cos(\pi+\alpha)=-\cos\alpha\end{array}\right\}（公式四）;$$

$$\left.\begin{array}{l}\sin(\pi-\alpha)=\sin\alpha,\\ \cos(\pi-\alpha)=-\cos\alpha\end{array}\right\}（公式五）.$$

2. **三角比的象限符号**：

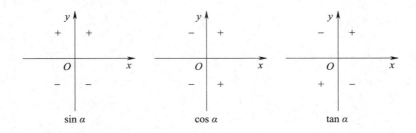

3. **给定三角函数值求角的一般步骤**：

（1）根据函数值的正负确定角 α 可能在的象限，即结果可能的个数；

（2）若函数值为正，则求出对应的锐角 α'；若函数值为负，则求出此函数值的绝对值所对应的锐角 α'；

（3）按照规律求得满足条件的结果：

若角 α 为第一象限角，则有 $\alpha=\alpha'$；若角 α 为第二象限角，则有 $\alpha=\pi-\alpha'$；若角 α 为第三象限角，则有 $\alpha=\pi+\alpha'$；若角 α 为第四象限角，则有 $\alpha=2\pi-\alpha'$.

习题 1.1.1

A 组

1. 已知 $\alpha \in \left[-\dfrac{\pi}{2}, \dfrac{\pi}{2}\right]$. 若 $\sin \alpha = \dfrac{1}{2}$，则 $\alpha =$ _____；若 $\sin \alpha = -\dfrac{1}{2}$，则 $\alpha =$ _____.

2. 已知 $\alpha \in \left[-\dfrac{\pi}{2}, \dfrac{\pi}{2}\right]$. 若 $\sin \alpha = 1$，则 $\alpha =$ _____；若 $\sin \alpha = 0$，则 $\alpha =$ _____；若 $\sin \alpha = -1$，则 $\alpha =$ _____.

3. 下列说法正确的是（　　）.

A. 若 $\sin x = 1$，则 $x = \dfrac{\pi}{2} + 2k\pi$ $(k \in \mathbf{Z})$

B. 若 $\sin x = 0$，则 $x = 2k\pi$ $(k \in \mathbf{Z})$

C. 若 $\sin x = \dfrac{1}{2}$，则 $x = \dfrac{\pi}{6} + 2k\pi$ $(k \in \mathbf{Z})$

D. 若 $\sin x = \sin \theta$，则 $x = \theta + 2k\pi$ $(k \in \mathbf{Z})$

4. 已知 α 是三角形的内角，且 $\sin \alpha = \dfrac{\sqrt{2}}{2}$，则角 α 等于（　　）.

A. $\dfrac{\pi}{6}$ 　　　　　　 B. $\dfrac{\pi}{4}$ 　　　　　　 C. $\dfrac{\pi}{6}$ 或 $\dfrac{5\pi}{6}$ 　　　　　　 D. $\dfrac{\pi}{4}$ 或 $\dfrac{3\pi}{4}$

5. 设 $0 < \alpha < 2\pi$，求满足下列条件的角 α.

(1) $\sin \alpha = -\dfrac{1}{2}$；　　　　　　　　　　　　(2) $\sin \alpha = \dfrac{\sqrt{2}}{2}$.

6. 设 $0° < \alpha < 360°$，求满足下列条件的角 α（精确到 $1'$）.

(1) $\sin \alpha = 0.745\,3$；　　　　　　　　　　　　(2) $\sin \alpha = -0.332\,3$.

B 组

求满足下列条件的 x 的集合.

(1) $\sin x = -\dfrac{1}{2}$，$x \in [-2\pi, 2\pi]$；

(2) $\sin x = \dfrac{4}{5}$，$-360° \leqslant x \leqslant 360°$（精确到 $0.01°$）；

(3) $\sin x = 1$.

习题 1.1.2

A 组

1. 已知 $\alpha \in [0, \pi]$. 若 $\cos \alpha = \dfrac{1}{2}$，则 $\alpha =$ _____；若 $\cos \alpha = -\dfrac{1}{2}$，则 $\alpha =$ _____.

2. 已知 $\alpha \in [0, \pi]$. 若 $\cos \alpha = 1$，则 $\alpha =$ _____；若 $\cos \alpha = 0$，则 $\alpha =$ _____；若 $\cos \alpha = -1$，则 $\alpha =$ _____.

3. 下列说法正确的是（　　）.

A. 若 $\cos x = 1$，则 $x = \dfrac{\pi}{2} + 2k\pi$（$k \in \mathbf{Z}$）

B. 若 $\cos x = 0$，则 $x = \dfrac{\pi}{2} + k\pi$（$k \in \mathbf{Z}$）

C. 若 $\cos x = \dfrac{1}{2}$，则 $x = \dfrac{\pi}{3} + 2k\pi$（$k \in \mathbf{Z}$）

D. 若 $\cos x = \cos \theta$，则 $x = \theta + 2k\pi$（$k \in \mathbf{Z}$）

4. 已知 α 是三角形的内角，且 $\cos \alpha = \dfrac{1}{2}$，则角 α 等于（　　）.

A. $\dfrac{\pi}{6}$ 　　　　　B. $\dfrac{\pi}{3}$ 　　　　　C. $\dfrac{\pi}{6}$ 或 $\dfrac{5\pi}{6}$ 　　　　　D. $\dfrac{\pi}{3}$ 或 $\dfrac{2\pi}{3}$

5. 设 $0<\alpha<2\pi$，求满足下列条件的角 α．

(1) $\cos \alpha=-\dfrac{1}{2}$；

(2) $\cos \alpha=\dfrac{\sqrt{2}}{2}$．

6. 设 $0°<\alpha<360°$，求满足下列条件的角 α（精确到 $1'$）．

(1) $\cos \alpha=0.745\ 3$；

(2) $\cos \alpha=-0.332\ 3$．

B 组

1. 求满足下列条件的 x 的集合．

(1) $\cos x=-\dfrac{1}{2}$，$x\in[-2\pi, 2\pi]$；

(2) $\cos x=\dfrac{4}{5}$，$-360°\leqslant x\leqslant 360°$（精确到 $1°$）；

(3) $\cos x=0$．

2. 在计算器的标准设置中，已知正切函数值求角的结果，只能显示出 $-90°\sim 90°$（或 $-\dfrac{\pi}{2}\sim\dfrac{\pi}{2}$）范围内的角．具体步骤如下：设定角度或弧度计算模式 → 按键 $\boxed{\text{SHIFT}}$ → 按键 $\boxed{\tan}$ → 输入正切函数值 → 按键 $\boxed{=}$ 显示 $-90°\sim 90°$（或 $-\dfrac{\pi}{2}\sim\dfrac{\pi}{2}$）范围内的角．

使用计算器求满足下列条件的角 α（精确到 $0.1°$）.

(1) $\tan \alpha = 1.202\,0$ $(-90°<\alpha<90°)$;　　　　(2) $\tan \alpha = -1.202\,0$ $(-90°<\alpha<90°)$;

(3) $\tan \alpha = 3$ $(0°<\alpha<360°)$;　　　　(4) $\tan \alpha = -0.345\,3$ $(0°<\alpha<360°)$.

1.2　两角和与差的正弦、余弦

学习目标

　　　了解两角和与差的正弦、余弦公式的推导过程. 掌握两角和与差的正弦、余弦公式及其变形的应用. 初步掌握将 $a\sin x \pm b\cos x$ 化为 $A\sin(\omega x + \varphi)$ 的方法. 培养利用旧知识推导、论证新知识的能力，渗透符号与变元的数学思想.

学习提示

1. 特殊角的三角函数值：

α	角度制	$0°$	$30°$	$45°$	$60°$	$90°$	$180°$	$270°$
	弧度制	0	$\dfrac{\pi}{6}$	$\dfrac{\pi}{4}$	$\dfrac{\pi}{3}$	$\dfrac{\pi}{2}$	π	$\dfrac{3}{2}\pi$
	$\sin \alpha$	0	$\dfrac{1}{2}$	$\dfrac{\sqrt{2}}{2}$	$\dfrac{\sqrt{3}}{2}$	1	0	-1
	$\cos \alpha$	1	$\dfrac{\sqrt{3}}{2}$	$\dfrac{\sqrt{2}}{2}$	$\dfrac{1}{2}$	0	-1	0
	$\tan \alpha$	0	$\dfrac{\sqrt{3}}{3}$	1	$\sqrt{3}$	不存在	0	不存在

2. 三角函数的诱导公式： 函数名称变，符号看象限.

$$\sin\left(\frac{\pi}{2}-\alpha\right)=\cos \alpha, \quad \cos\left(\frac{\pi}{2}-\alpha\right)=\sin \alpha,$$

$$\sin\left(\frac{\pi}{2}+\alpha\right)=\cos \alpha, \quad \cos\left(\frac{\pi}{2}+\alpha\right)=-\sin \alpha.$$

说明：α 为任意角时，上述公式依然成立.

3. 几个常用的锐角三角函数：

$$\sin 15° = \cos 75° = \frac{\sqrt{6} - \sqrt{2}}{4}; \quad \sin 75° = \cos 15° = \frac{\sqrt{6} + \sqrt{2}}{4};$$

$$\sin 37° = \cos 53° \approx \frac{3}{5}; \quad \cos 37° = \sin 53° \approx \frac{4}{5}.$$

4. **两角和与差的正弦、余弦公式.**

$$\left.\begin{array}{l}\sin(\alpha + \beta) = \sin\alpha\cos\beta + \cos\alpha\sin\beta, \\ \sin(\alpha - \beta) = \sin\alpha\cos\beta - \cos\alpha\sin\beta\end{array}\right\}$$ 记忆口诀：正余余正，符号相同.

$$\left.\begin{array}{l}\cos(\alpha + \beta) = \cos\alpha\cos\beta - \sin\alpha\sin\beta, \\ \cos(\alpha - \beta) = \cos\alpha\cos\beta + \sin\alpha\sin\beta\end{array}\right\}$$ 记忆口诀：余余正正，符号相反.

习题 1.2.1

A 组

1. 利用和角与差角公式填空.

(1) $\cos(90° + \alpha) = \cos 90°\cos\alpha -$ _____ $= 0 \cdot \cos\alpha -$ _____ $=$ _____.

(2) $\cos(180° - \alpha) =$ _____ $=$ _____ $=$ _____.

2. 下列等式中一定成立的是（　　）.

A. $\cos(\alpha + \beta) = \cos\alpha + \cos\beta$ 　　　　B. $\cos(\alpha - \beta) = \cos\alpha - \cos\beta$

C. $\cos\left(\frac{\pi}{2} - \alpha\right) = \sin\alpha$ 　　　　D. $\cos\left(\frac{\pi}{2} + \alpha\right) = \sin\alpha$

3. 已知 $\cos\alpha = \frac{1}{7}$，$\cos(\alpha + \beta) = -\frac{11}{14}$，$\alpha$，$\beta$ 都是锐角，则 $\cos\beta$ 的值为（　　）.

A. $-\frac{7}{14}$ 　　　　B. $\frac{7}{14}$ 　　　　C. $\frac{4\sqrt{3}}{7}$ 　　　　D. $\frac{5\sqrt{3}}{14}$

4. 不计算，求下列各式的值.

(1) $\cos 105°$； 　　　　　　(2) $\cos(-75°)$；

(3) $\cos\frac{3\pi}{4}\cos\frac{\pi}{4} - \sin\frac{3\pi}{4}\sin\frac{\pi}{4}$； 　　　　(4) $\sin 82°\cos 52° - \sin 8°\cos 38°$.

5. 利用两角和与差的正弦、余弦公式化简下列各式.

(1) $\cos(\alpha+\beta)\cos\beta+\sin(\alpha+\beta)\sin\beta$；

(2) $\cos(27°+\alpha)\cos(33°-\alpha)-\sin(27°+\alpha)\sin(33°-\alpha)$；

(3) $\cos\left(\dfrac{\pi}{4}+\varphi\right)-\cos\left(\dfrac{\pi}{4}-\varphi\right)$.

6. 设电流 $i=\sqrt{2}I\sin\omega t$，电压 $u=\sqrt{2}U\sin\left(\omega t+\dfrac{\pi}{2}\right)$，求证瞬时功率 $p=UI\sin 2\omega t$.（提示：$p=ui$.）

7. 用两个功率表测量三相交流电负荷的功率时，可得 $p_1=UI\cos(\varphi-60°)$，$p_2=UI\cos(\varphi+60°)$. 试证明：$p_1+p_2=UI\cos\varphi$.

B 组

1. 在 $\triangle ABC$ 中，已知 $\cos A=\dfrac{4}{5}$，$\cos B=\dfrac{12}{13}$，求 $\cos C$ 的值.

2. 已知 $\cos\alpha - \cos\beta = \dfrac{1}{2}$，$\sin\alpha - \sin\beta = -\dfrac{1}{3}$，求 $\cos(\alpha-\beta)$ 的值.

3. 把下列各式转化为 $A\cos(x+\varphi)$ $(A>0)$ 的形式.

(1) $\dfrac{\sqrt{2}}{2}\cos x - \dfrac{\sqrt{2}}{2}\sin x$；

(2) $\sqrt{3}\cos x + \sin x$.

习题 1. 2. 2

A 组

1. 利用两角和与差的正弦、余弦公式填空.

(1) $\sin(\pi+\alpha)=$ ＿＿＿＿＿＿＿＿ = ＿＿＿＿＿＿＿＿ = ＿＿＿＿＿；

(2) $\sin\left(\dfrac{\pi}{2}-\alpha\right)=$ ＿＿＿＿＿＿＿＿ = ＿＿＿＿＿＿＿＿ = ＿＿＿＿＿.

2. 下列等式中一定成立的是（　　）.

A. $\sin(\alpha+\beta)=\sin\alpha+\sin\beta$

B. $\sin(\alpha-\beta)=\sin\alpha-\sin\beta$

C. $\sin(180°-\alpha)=-\sin\alpha$

D. $\sin(-\alpha)=-\sin\alpha$

3. 已知 $\sin(\alpha+\beta)=\dfrac{1}{6}$，$\sin(\alpha-\beta)=\dfrac{1}{2}$，则 $\sin\alpha\cos\beta$ 和 $\cos\alpha\sin\beta$ 的值分别为（　　）.

A. $-\dfrac{1}{3}$，$\dfrac{1}{6}$　　　　B. $\dfrac{1}{3}$，$-\dfrac{1}{6}$　　　　C. $-\dfrac{1}{6}$，$\dfrac{1}{3}$　　　　D. $\dfrac{1}{6}$，$-\dfrac{1}{3}$

4. 利用两角和与差的正弦、余弦公式计算下列各式的值.

(1) $\sin(-15°)$；

(2) $\sin 80°\cos 20° - \sin 10°\cos 70°$；

(3) $\sin(x+y)\cos(x-y)+\cos(x+y)\sin(x-y)$;

(4) $\cos 8°\cos 52°-\sin 8°\sin 52°$;

(5) $\sin\left(\dfrac{\pi}{3}+\alpha\right)-\sin\left(\dfrac{\pi}{3}-\alpha\right)$.

5. 已知两个同频率的正弦交流电分别为 $i_1=2\sin\left(\omega t+\dfrac{\pi}{6}\right)$A，$i_2=2\sin\left(\omega t-\dfrac{\pi}{2}\right)$A. 求总电流 i.（提示：$i=i_1+i_2$.）

6. 某交流电路中，已知 $u=U\sin \omega t$，电流 $i=I\sin\left(\omega t+\dfrac{\pi}{2}\right)$，其中 U，I，ω 都是常数，且瞬时功率 $p=ui$. 求证：$p=\dfrac{1}{2}UI\sin 2\omega t$.（提示：$2\sin \alpha\cos \alpha=\sin \alpha\cos \alpha+\sin \alpha\cos \alpha=\sin(\alpha+\alpha)=\sin 2\alpha$.）

B 组

1. 不用计算器，求下列各式的值.

(1) $\sin 35°\cos 25° + \sin 55°\sin 25°$；

(2) $\cos 28°\cos 73° + \cos 62°\cos 17°$.

2. 已知 $\sin \alpha = \dfrac{3}{5}$，$\cos(\alpha+\beta) = -\dfrac{5}{13}$，且 α 和 β 都是锐角，求 $\sin \beta$ 的值.

3. 根据两角和与差的正切公式 $\tan(\alpha+\beta) = \dfrac{\tan \alpha + \tan \beta}{1 - \tan \alpha \tan \beta}(T_{\alpha+\beta})$，$\tan(\alpha-\beta) = \dfrac{\tan \alpha - \tan \beta}{1 + \tan \alpha \tan \beta}(T_{\alpha-\beta})$，不用计算器，求下列各式的值.

(1) $\tan 75°$；

(2) $\dfrac{1 + \tan 15°}{1 - \tan 15°}$；

(3) $\dfrac{\sqrt{3} - \tan 15°}{\sqrt{3} + \tan 15°}$.

4. 已知 $\tan(\alpha+\beta)=3$，$\tan(\alpha-\beta)=5$，求 $\tan 2\alpha$，$\tan 2\beta$.

5. 在 $\triangle ABC$ 中，若 $\tan A$ 与 $\tan B$ 是方程 $x^2-6x+7=0$ 的两个根，求 $\angle C$ 的大小.

习题 1.2.3

A 组

1. 利用和角与差角公式填空：

(1) $\sin\left(x+\dfrac{\pi}{3}\right)=$ _____ $=$ _____ ；

(2) $\sin\left(x-\dfrac{\pi}{4}\right)=$ _____ $=$ _____ .

2. 下列等式中一定成立的是（　　）.

A. $\cos\left(x-\dfrac{\pi}{6}\right)=\dfrac{1}{2}\cos x-\dfrac{\sqrt{3}}{2}\sin x$　　　　B. $\cos\left(x+\dfrac{\pi}{4}\right)=\dfrac{\sqrt{2}}{2}\cos x+\dfrac{\sqrt{2}}{2}\sin x$

C. $\sin\left(x+\dfrac{\pi}{3}\right)=\dfrac{1}{2}\sin x+\dfrac{\sqrt{3}}{2}\cos x$　　　　D. $\sin\left(x-\dfrac{\pi}{6}\right)=\dfrac{1}{2}\sin x-\dfrac{\sqrt{3}}{2}\cos x$

3. 已知 $\sin x=\dfrac{3}{5}$，$\cos x=\dfrac{4}{5}$，则 $\sin\left(x+\dfrac{\pi}{3}\right)$，$\sin\left(x-\dfrac{\pi}{4}\right)$ 的值分别为（　　）.

A. $\dfrac{3-4\sqrt{3}}{10}$，$\dfrac{\sqrt{2}}{10}$　　　　　　　　　B. $\dfrac{3+4\sqrt{3}}{10}$，$-\dfrac{\sqrt{2}}{10}$

C. $\dfrac{3+4\sqrt{2}}{10}$，$\dfrac{\sqrt{2}}{10}$　　　　　　　　　D. $\dfrac{3-4\sqrt{2}}{10}$，$-\dfrac{\sqrt{2}}{10}$

4. 把下列函数转化为一个正弦型表达式.

(1) $\dfrac{1}{2}\sin x+\dfrac{\sqrt{3}}{2}\cos x$；　　　　　　　　(2) $\sqrt{3}\sin x-\cos x$；

（3）$\sin x + \cos x$.

5. 有两电流分别为 $i_1 = 10\sin(\omega t + 60°)$ A，$i_2 = 8\sin(\omega t - 120°)$ A，求两电流的和 i.

B 组

把下列函数转化为正弦型表达式（每种转化为一个正弦型表达式即可）.

（1）$-\dfrac{1}{2}\sin x + \dfrac{\sqrt{3}}{2}\cos x$；　　　　　　　　（2）$-\sqrt{3}\sin x - \cos x$；

（3）$-3\sin x + 4\cos x$.

1.3　正弦型曲线与正弦量

学习目标

　　熟悉五点法作正弦型函数图像，了解正弦型函数图像的三种变换，理解函数 $y = A\sin(\omega x + \varphi)$ 中 A，ω，φ 的实际意义，以及振幅、周期的概念，理解正弦量的三要素及正弦量的相位差.

学习提示

　　1. 正弦型函数图像的三种变换：

　　（1）$y = \sin x$ 图像上的点纵坐标变为原来的 A 倍，横坐标不变，得到 $y = A\sin x$ 的图像.

（2）$y=\sin x$ 图像上的点横坐标变为原来的 $\dfrac{1}{\omega}$ 倍，纵坐标不变，得到 $y=\sin \omega x$ 的图像.

（3）$y=\sin x$ 图像上的点向左（$\varphi>0$）或向右（$\varphi<0$）移动 $|\varphi|$ 个单位，得到 $y=\sin(x+\varphi)$ 的图像.（口诀：左加右减）

2. **正弦型函数** $y=A\sin(\omega x+\varphi)$ **相关概念**：振幅最大值 A，角频率 ω，相位 $\omega x+\varphi$，初相 φ，周期 $T=\dfrac{2\pi}{\omega}$，频率 $f=\dfrac{1}{T}$，一个周期内起点横坐标求法 $\omega x+\varphi=0\Rightarrow x=-\dfrac{\varphi}{\omega}$.

3. **相位差的范围**：$|\varphi|\leqslant\pi$.

4. **由正弦型函数** $y=A\sin(\omega x+\varphi)$ **图像求解析式步骤**：根据正弦型函数波形图找振幅确定 A，找周期确定 ω，找起点确定 φ.

习题 1.3.1

A 组

1. 把函数 $y=\sin x$ 图像上所有点的纵坐标扩大到原来的 2 倍，保持横坐标不变，可得到正弦型函数_____的图像.

2. 把函数 $y=\sin x$ 图像上所有点的横坐标缩小到原来的 $\dfrac{1}{3}$，保持纵坐标不变，可得到正弦型函数_____的图像.

3. 把函数 $y=\sin x$ 图像上的所有点向右平移 $\dfrac{\pi}{4}$ 个单位，可得到正弦型函数_____的图像.

4. 利用坐标变换的方法，根据函数 $y=\sin x$ 的图像就能够画出正弦型函数 $y=3\sin\left(2x-\dfrac{\pi}{3}\right)$ 的图像，具体步骤如下：

（1）把函数 $y=\sin x$ 图像上所有点的_____，保持纵坐标不变，得到正弦型函数 $y=\sin 2x$ 的图像.

（2）因为 $y=\sin\left(2x-\dfrac{\pi}{3}\right)=\sin 2\left(x-\dfrac{\pi}{6}\right)$，所以把正弦型函数 $y=\sin 2x$ 图像上的所有点_____，得到正弦型函数 $y=\sin\left(2x-\dfrac{\pi}{3}\right)$ 的图像.

（3）把正弦型函数 $y=\sin\left(2x-\dfrac{\pi}{3}\right)$ 图像上所有点的_____，保持横坐标不变，得到正弦型函数 $y=3\sin\left(2x-\dfrac{\pi}{3}\right)$ 的图像.

5. 函数 $y=\sqrt{3}\sin x-\cos x$ 的最大值是_____，周期是_____.

6. 要得到函数 $y=\sin 3x$ 的图像，只要把函数 $y=\sin x$ 图像上的所有点（　　）.

A. 纵坐标变为原来的 3 倍，横坐标不变　　　　B. 横坐标变为原来的 3 倍，纵坐标不变

C. 纵坐标变为原来的 $\frac{1}{3}$，横坐标不变   D. 横坐标变为原来的 $\frac{1}{3}$，纵坐标不变

7. 函数 $y=\sin 2x$ 图像上的所有点向左平移 $\frac{\pi}{2}$ 个单位后，得到的函数为（   ）.

A. $y=\sin\left(2x+\frac{\pi}{2}\right)$ B. $y=\sin\left(2x-\frac{\pi}{2}\right)$

C. $y=\sin(2x+\pi)$ D. $y=\sin(2x-\pi)$

8. 函数 $y=4\sin 2x$ 的周期是（   ）.

A. $\frac{\pi}{2}$ B. π C. 2π D. 3π

9. 用五点法作出下列函数在一个周期内的简图，并指出它们的振幅、周期和起点坐标.

(1) $y=\sin\left(2x-\frac{\pi}{3}\right)$；   (2) $y=2\sin\left(\frac{x}{2}+\frac{\pi}{6}\right)$.

B 组

1. 函数 $y=\frac{1}{3}\sin\left(3x-\frac{\pi}{4}\right)$（   ）.

A. 是偶函数   B. 是奇函数
C. 既是奇函数又是偶函数   D. 是非奇非偶函数

2. 函数 $y=\sin x-\cos x$ 的最大值是（   ）.

A. 2   B. 1   C. $\sqrt{2}$ D. $\frac{\sqrt{2}}{2}$

3. 函数 $y=3\sin\frac{x}{3}+4\cos\frac{x}{3}$ 的周期是（   ）.

A. 2π B. 3π C. 5π D. 6π

4. 要得到 $y=\sin\left(4x-\frac{\pi}{3}\right)$ 的图像，只需把函数 $y=\sin 4x$ 图像上的所有点（   ）.

A. 向左平移 $\frac{\pi}{3}$ 个单位   B. 向右平移 $\frac{\pi}{3}$ 个单位

C. 向左平移 $\frac{\pi}{12}$ 个单位   D. 向右平移 $\frac{\pi}{12}$ 个单位

5. (1) 将函数 $y=\sin x$ 图像上的所有点向右平移 $\frac{\pi}{6}$ 个单位，再横坐标缩小为原来的 $\frac{1}{2}$，纵坐标变为原来的 3 倍，得到的函数为＿＿＿＿＿＿＿＿＿＿.

（2）将函数 $y = \sin x$ 图像上的所有点横坐标缩小为原来的 $\frac{1}{2}$，再向右平移 $\frac{\pi}{6}$ 个单位，纵坐标变为原来的 3 倍，得到的函数为＿＿＿＿＿＿＿＿．

6. 用五点法作出函数 $y = \sqrt{3}\sin x - \cos x$ 在一个周期内的简图，并指出它的振幅、周期和起点坐标.

习题 1.3.2

1. 有一正弦电压 $u = 220\sin\left(50\pi t + \frac{\pi}{3}\right)$ V，它的角频率 $\omega =$ ＿＿＿＿＿＿，频率 $f =$ ＿＿＿＿＿＿，周期 $T =$ ＿＿＿＿＿＿，最大值 $U_m =$ ＿＿＿＿＿＿，初相 $\varphi =$ ＿＿＿＿＿＿，在 $t = 0$ 时的电压瞬时值为＿＿＿＿＿＿，在 $t = 0.01$ s 时的电压瞬时值为＿＿＿＿＿＿．

2. （1）两个正弦量 $u_1 = 20\sin(314t + 60°)$ V，$u_2 = \sin(314t - 30°)$ V 的相位差等于＿＿＿＿＿＿，它们的相位关系是＿＿＿＿＿＿＿＿．

（2）两个正弦量 $i = -3\sin(314t + 60°)$ A，$u = 2\sin(314t + 250°)$ V 的相位差等于＿＿＿＿＿＿，它们的相位关系是＿＿＿＿＿＿＿＿．

3. 正弦量的三要素为＿＿＿＿＿＿、＿＿＿＿＿＿、＿＿＿＿＿＿．

4. 用五点法作出电压 $u = 100\sqrt{2}\sin314t$ V（其中 t 的单位为 s）在一个周期内的图像，并根据图像回答下列问题：

（1）电压变化的周期 T 是多少？

（2）电压的最大值 U_m 是多少？

（3）电压的频率 f 是多少？

（4）求 $t = 0$，$\frac{1}{200}$ s，$\frac{1}{100}$ s，$\frac{1}{50}$ s 时的电压瞬时值.

5. 根据题图求出电压的三要素和电压的解析式.

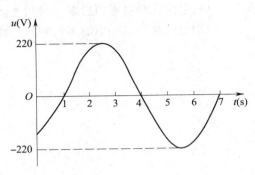

6. 已知某正弦交流电流 i 的初相为 $45°$，试求同频率正弦电压 u 在下列情况下的初相各是多少?

（1）u 与 i 同相；

（2）u 与 i 反相；

（3）u 超前 i $45°$；

（4）u 滞后 i $75°$.

7. 已知一正弦交流电的电流 i(A) 随时间 t(s) 的部分变化曲线如图所示，试写出电流 i 随时间 t 变化的函数关系式.

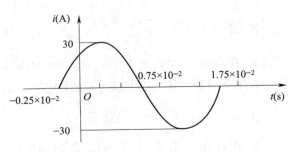

8. 一正弦交流电电流的最大值为 100 mA，频率为 50 Hz，初相位为零，求：

（1）电流在经过零值后多长时间才能达到 50 mA？

（2）电流在经过零值后多长时间达到最大值？

1.4　解三角形及其应用

学习目标

熟悉直角三角形边角元素之间的关系，会根据已知条件解直角三角形，能结合实际问题，构建直角三角形，并求出相应的未知量.

学习提示

1. **解直角三角形一般方法**：在直角三角形中除直角外的五个元素，已知其中两个元素（至少有一条边），便可求出未知的另外三个元素，主要有已知一边一角和已知两边两种类型.

2. **发电厂的电能**：$A = A_P{}^2 + A_Q{}^2$.

其中，A 表示发电厂的电能，A_P 表示有功电能，A_Q 表示无功电能.

3. **阻抗三角形，电压三角形**：$Z^2 = R^2 + X_L{}^2$，$U^2 = U_R{}^2 + U_L{}^2$.

习题 1.4.1

A 组

1. 在 △ABC 中，∠A = 30°，∠B = 60°，b = $\sqrt{3}$，则 a = _____，c = _____.

2. 在 △ABC 中，∠C = 90°，∠B = 45°，c = 2，则 b = （　　　）.

　A. $\sqrt{3}$　　　　　　B. $\sqrt{2}$　　　　　　C. $\dfrac{\sqrt{3}}{2}$　　　　　　D. $\dfrac{\sqrt{2}}{2}$

3. 在直角三角形 ABC 中，若斜边 c = 12，直角边 b = 6，则 b 所对应的角 ∠B = _____.

4. 在△ABC中，已知∠C=90°，a=6，c=10，则边AB上的高h为_____．

5. 使用计算器完成下表（0°<α<90°）．

α	27°30′	46°06′48″			
sin α			0.586 4		
cos α				0.953 6	
tan α					0.05

6. 在△ABC中，已知∠C=90°，∠A=35°，b=4，求∠B，a，c的值（精确到0.1）．

7. 假设某发电机在某一时间内产生的电能为A=500 J，输出时，有功电能A_P与无功电能A_Q之比为4∶3，则有功电能A_P与无功电能A_Q分别为多少？

8. 在RL串联正弦交流电路中，测得电阻上的电压U_R=66 V，电感上的电压U_L=88 V，则电路中的总电压U为多少？若电阻R=3 Ω，则电路中的阻抗Z和感抗X_L各为多少？

B组

1. 在Rt△ABC中，如果a>b，且a+b=3c，那么角_____是直角．

2. 在△ABC中，如果∠A∶∠B∶∠C为1∶2∶3，那么a∶b∶c为（　　）．

A.1∶2∶3　　　　B.3∶2∶1　　　　C.1∶$\sqrt{3}$∶2　　　　D.2∶$\sqrt{3}$∶1

3. 某货船以24海里/时的速度将一批重要物资从A处运往正东方向的M处，在点A处测得某岛C在北偏东60°的方向上．该货船航行30分钟后到达B处，此时再测得该岛在北偏东30°的方向上．已知在C岛周围9海里的区域内有暗礁，该货船继续向正东方向航行有无触礁危险？试说明理由．

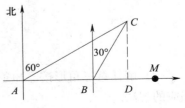

实 践 活 动

1. 把斜三角形（锐角三角形或钝角三角形）分成两个直角三角形来研究，是解任意三角形的基本方法. 运用它可得到表示任意三角形边角关系的两组基本等式——正弦定理和余弦定理.

正弦定理：

$$\frac{a}{\sin A} = \frac{b}{\sin B} = \frac{c}{\sin C}.$$

余弦定理：

$$a^2 = b^2 + c^2 - 2bc\cos A;$$
$$b^2 = a^2 + c^2 - 2ac\cos B;$$
$$c^2 = a^2 + b^2 - 2ab\cos C.$$

如题图所示，在 $\triangle ABC$ 中，CD 为 AB 边上的高. 图（a）中的 $\triangle ABC$ 是锐角三角形，图（b）中的 $\triangle ABC$ 是钝角三角形.

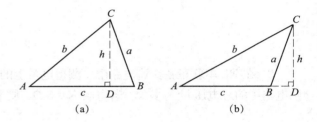

(1) 请利用上图证明正弦定理和余弦定理；

(2) 请验证在 Rt$\triangle ABC$ 中正弦定理和余弦定理的正确性.

(3) 解任意三角形按已知条件可以归纳为以下几种类型. 请根据不同的已知条件总结出相应的解法.

	已知	图形	解法
三边	三边 $(a，b，c)$		
两边和一角	两边夹一角 $(a，b，\angle C)$		
两边和一角	两边一对角 $(b，c，\angle C)$		由 $\dfrac{b}{\sin B}=\dfrac{c}{\sin C}$ 得 $\angle B$，由 $\angle A=180°-(\angle B+\angle C)$ 得 $\angle A$，由 $a^2=b^2+c^2-2bc\cos A$ 得 a.
一边和两角	两角夹一边 $(\angle B，\angle C，a)$		
一边和两角	两角一对边 $(\angle B，\angle C，b)$		

2. 请根据实际（生产加工或日常生活）需要，利用解三角形的知识，开展一项零部件测量实践活动，并填写下表.

测量对象	
测量方法	
计算过程	
测量结果	

复习题

A 组

一、填空题

1. 设 $-\dfrac{\pi}{2}<\alpha<\dfrac{\pi}{2}$，且 $\sin\alpha=-\dfrac{\sqrt{3}}{2}$，则角 $\alpha=$ _____.

2. 设 $0<\alpha<\pi$，且 $\cos\alpha=-0.654\,2$，则角 $\alpha\approx$ _____（精确到 0.01）.

3. 写出两角和与差的正弦、余弦公式.

$S_{\alpha+\beta}$：_____；

$S_{\alpha-\beta}$: _____;

$C_{\alpha+\beta}$: _____;

$C_{\alpha-\beta}$: _____.

4. $\sin 105° =$ _____, $\sin 73°\cos 13° - \sin 13°\cos 73° =$ _____,

$\cos 75° =$ _____, $\cos \dfrac{\pi}{4}\cos\left(\alpha+\dfrac{\pi}{4}\right) + \sin \dfrac{\pi}{4}\sin\left(\alpha+\dfrac{\pi}{4}\right) =$ _____.

5. 有一正弦电流 $i = 3\sqrt{3}\sin\left(100\pi t - \dfrac{\pi}{3}\right)$ A，则它的角频率为 _____，频率为

_____，周期为 _____，初相为 _____，电流的最大值为 _____，在 $t =$

0.02 s 时的相位为 _____，此时的电流瞬时值为 _____.

6. 在 Rt△ABC 中，若斜边 $c = 12$，直角边 $b = 6$，则直角边 a 所对应的角∠$A =$

_____.

二、选择题

1. 设 $\sin x = -\dfrac{\sqrt{3}}{2}$，$0° < x < 360°$，则 $x =$ （　　）.

A. $-60°$ B. $240°$ C. $300°$ D. $240°$或$300°$

2. 设 $\cos x = -\dfrac{\sqrt{3}}{2}$，$\pi < x < 2\pi$，则 $x =$ （　　）.

A. $\dfrac{7\pi}{6}$ B. $\dfrac{4\pi}{3}$ C. $\dfrac{5\pi}{3}$ D. $\dfrac{11\pi}{6}$

3. 化简 $\sin(x-y)\cos y + \cos(x-y)\sin y$ 的结果为 （　　）.

A. 1   B. $\sin x$ C. $\cos x$ D. $\sin x\cos y$

4. 化简 $\sin(45°-\theta) - \cos(45°+\theta)$ 的结果为 （　　）.

A. 0   B. 1   C. $-2\sin\theta$ D. $-2\cos\theta$

5. 在等式 $\sin x - \cos x = A\sin(x+\varphi)$ 中，A 与 φ 分别为 （　　）.

A. $\sqrt{2}$，$-\dfrac{\pi}{4}$ B. $\sqrt{2}$，$\dfrac{\pi}{4}$

C. $\sqrt{2}$，$\dfrac{3\pi}{4}$ D. $\sqrt{2}$，$\dfrac{5\pi}{4}$

6. 要得到 $y = \sin\left(2x - \dfrac{\pi}{3}\right)$ 的图像，只需将函数 $y = \sin 2x$ 图像上的所有点 （　　）.

A. 向右平移 $\dfrac{\pi}{3}$ 个单位   B. 向左平移 $\dfrac{\pi}{3}$ 个单位

C. 向右平移 $\dfrac{\pi}{6}$ 个单位   D. 向左平移 $\dfrac{\pi}{6}$ 个单位

7. 函数 $y = 3\sin x + 4\cos x$ 的最大值为 （　　）.

A. 0   B. 3   C. 4   D. 5

8. 正弦量 $i = 10\sin(\omega t + 60°)$ 与 $u = 220\sqrt{2}\sin(\omega t - 15°)$ 的相位差为 （　　）.

A. $-75°$ B. $-15°$ C. $45°$ D. $75°$

三、解答题

1. 已知 $\cos \alpha = \dfrac{3}{5}$，$\sin \beta = -\dfrac{5}{13}$，且 α 和 β 都是第四象限角，求 $\sin(\alpha + \beta)$ 和 $\cos(\alpha + \beta)$ 的值.

2. 已知正弦电流 $i = 10\sin(\omega t + 30°)$ A，频率是 50 Hz，试求正弦电流的瞬时值表达式，并用五点法画出它在一个周期内的图像.

3. 已知 $u_1 = 220\sqrt{2}\sin\left(314t - \dfrac{\pi}{6}\right)$ V，$u_2 = 380\sqrt{2}\sin 314t$ V，分别求出它们的振幅、初相、频率以及两者之间的相位差.

4. 用双踪示波器测得两个同频率正弦电压的波形如题图所示，已知示波器面板的"时间选择"旋钮置于"0.5 ms/格"挡，"Y轴坐标"旋钮置于"10 V/格"挡，试写出 u_1 和 u_2 的瞬时值表达式.

解：

（1）频率：由图可知，两个电压的一个周期在屏幕上都占 8 格，所以它们的 T、f 及 ω 相同，即 $T = $ _____，$f = $ _____，$\omega = $ _____.

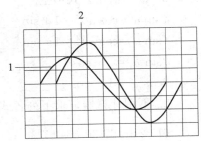

（2）最大值：U_{1m} 在图上占 2 格，U_{2m} 在图上占 3 格，所以 $U_{1m} = $ _____，$U_{2m} = $ _____.

（3）初相：当选择计时起点与 u_2 零点重合时，有 $\varphi_2 = 0$；因为 u_2 滞后 u_1 一个方格，所以 u_1 的初相为 $\varphi_1 = \dfrac{1}{8} \times 2\pi = $

$\dfrac{\pi}{4}$，于是这两个正弦电压的瞬时值表达式为 $u_1 = $ 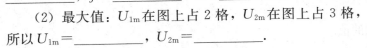 ，$u_2 = $ _____.

5. 在△ABC 中，已知∠C＝90°，a＝3，b＝4，求 AB 边上的高 h.

6. 在 RL 串联正弦交流电路中，已知电阻 R＝6 Ω，感抗 X_L＝8 Ω. 那么电路阻抗为多少？如果电压 U＝220 V，则电阻上的电压 U_R 和电感上的电压 U_L 各为多少？

B 组

1. 利用两角和的正弦、余弦、正切公式可以推导出两倍角的正弦、余弦、正切公式.

$$\sin 2\alpha = \sin(\alpha + \alpha) = \underline{\hspace{4cm}}$$
$$= \underline{\hspace{4cm}};$$
$$\cos 2\alpha = \cos(\alpha + \alpha) = \underline{\hspace{4cm}}$$
$$= \underline{\hspace{4cm}}$$
$$= 2\cos^2\alpha - 1$$
$$= 1 - 2\sin^2\alpha;$$
$$\tan 2\alpha = \tan(\alpha + \alpha) = \frac{\tan\alpha + \tan\alpha}{1 - \tan^2\alpha}$$
$$= \underline{\hspace{4cm}}.$$

2. 根据倍角公式填空.

$(\sin\alpha + \cos\alpha)^2 = 1 + \sin\underline{\hspace{2cm}}$；

$(\sin\alpha - \cos\alpha)^2 = 1 - \sin\underline{\hspace{2cm}}$；

$2\sin^2\alpha = 1 - \cos\underline{\hspace{2cm}}$；

$2\cos^2\alpha = 1 + \cos\underline{\hspace{2cm}}$.

3. 不用计算器，求下列各式的值.

（1）$2\sin 67°30' \cos 67°30'$；

（2）$\cos^2\dfrac{\pi}{8} - \sin^2\dfrac{\pi}{8}$；

(3) $2\cos^2\dfrac{\pi}{12}-1$；

(4) $1-2\sin^2 75°$；

(5) $\dfrac{\tan\dfrac{\pi}{8}}{1-\tan^2\dfrac{\pi}{8}}$.

4. 利用倍角公式化简下列各式.

(1) $\dfrac{\cos\alpha}{\sin\dfrac{\alpha}{2}\cos\dfrac{\alpha}{2}}$；

(2) $\left(\sin\dfrac{x}{2}+\cos\dfrac{x}{2}\right)\left(\sin\dfrac{x}{2}-\cos\dfrac{x}{2}\right)$；

(3) $\dfrac{\sin 2\theta}{1+\cos 2\theta}$；

(4) $\sin 4\alpha\tan 2\alpha-1$.

5. 已知 $\cos\alpha=\dfrac{4}{5}$，$\alpha\in\left(\dfrac{3\pi}{2},\ 2\pi\right)$，求 $\sin 2\alpha$，$\cos 2\alpha$，$\tan 2\alpha$ 的值.

6. 因为 $\tan\dfrac{\alpha}{2}=\dfrac{\sin\dfrac{\alpha}{2}}{\cos\dfrac{\alpha}{2}}=\dfrac{2\sin\dfrac{\alpha}{2}\cos\dfrac{\alpha}{2}}{2\cos^2\dfrac{\alpha}{2}}=\dfrac{\sin\alpha}{1+\cos\alpha}$，所以 $\tan\dfrac{\alpha}{2}=\dfrac{\sin\alpha}{1+\cos\alpha}$.

（1）请模仿上述方法证明：$\tan\dfrac{\alpha}{2}=\dfrac{1-\cos\alpha}{\sin\alpha}$；

（2）利用上述公式求 $\tan 15°$ 的值.

7. 李明同学在解决一个实际问题时，涉及 $\cos\dfrac{2\pi}{7}$ 值的计算，他在用科学计算器时发现计算器的数字键 $\boxed{2}$ 无法使用（其他键功能正常）.

（1）李明同学用该计算器计算出 $\cos\dfrac{\pi}{7}$ 的值后，用怎样的算式可以得到 $\cos\dfrac{2\pi}{7}$ 的值；

（2）同样情景，请用另一个算式计算出 $\cos\dfrac{2\pi}{7}$ 的值.

测 试 题

总分 100 分，时间：90 分钟

一、选择题（每小题 3 分，共 30 分）

1. 设 $\sin \alpha = \frac{\sqrt{2}}{2}$，$0° < \alpha < 360°$，则 $\alpha =$ （ ）.

A. 45°   B. 135°   C. 225°   D. 45° 或 135°

2. $\sin 15° =$ （ ）.

A. $\frac{\sqrt{6} - \sqrt{2}}{4}$ B. $\frac{\sqrt{6} + \sqrt{2}}{4}$ C. $\frac{-\sqrt{6} - \sqrt{2}}{4}$ D. $\frac{-\sqrt{6} + \sqrt{2}}{4}$

3. $\cos(x - y)\cos y - \sin(x - y)\sin y =$ （ ）.

A. $\cos x$ B. $\cos y$ C. $\cos(x - 2y)$ D. $\cos x \cos y$

4. $\cos\left(\frac{\pi}{3} - \alpha\right) + \sin\left(\frac{\pi}{6} - \alpha\right) =$ （ ）.

A. $\sin \alpha$ B. $\cos \alpha$ C. $\sqrt{3} \sin \alpha$ D. $\sqrt{3} \cos \alpha$

5. 正弦量 $u = 110\sin(30t - 20°)$ V 与 $i = 110\sin(30t + 300°)$ A 的相位差为 （ ）.

A. $-320°$ B. $-20°$ C. $40°$ D. $80°$

6. $y = 3\sin \frac{x}{2}$ 的周期为 （ ）.

A. π B. 2π C. 3π D. 4π

7. 正弦电压 $u = 2\sin\left(314t - \frac{\pi}{4}\right)$ 的初相为 （ ）.

A. $\frac{\pi}{4}$ B. $-\frac{\pi}{4}$ C. 2   D. -2

8. 要得到 $y = \sin\left(3x + \frac{\pi}{2}\right)$ 的图像，只需将 $y = \sin 3x$ 图像（ ）.

A. 向右平移 $\frac{\pi}{6}$ 个单位   B. 向右平移 $\frac{\pi}{2}$ 个单位

C. 向左平移 $\frac{\pi}{6}$ 个单位   D. 向左平移 $\frac{\pi}{2}$ 个单位

9. $\sin \alpha + \sqrt{3} \cos \alpha = A\sin(\alpha + \varphi)$，$A$ 和 φ 分别为 （ ）.

A. $2,\ \frac{\pi}{3}$ B. $2,\ \frac{\pi}{6}$ C. $2,\ \frac{2\pi}{3}$ D. $2,\ \frac{5\pi}{6}$

10. 有一等腰直角三角形，已知斜边长度为 4，则斜边上的高的长度为 （ ）.

A. 1   B. 2   C. $2\sqrt{2}$ D. $2\sqrt{3}$

二、填空题（每空 2 分，共 20 分）

1. 设 $0° < \alpha < 180°$，且 $\cos \alpha = -\dfrac{1}{2}$，则 $\alpha = $ _____ ．

2. $\sin 13° \cos 47° + \cos 13° \sin 47° = $ _____ ．

3. 有一正弦电压 $u = 110\sin\left(100\pi t - \dfrac{\pi}{2}\right)$ V，则它的最大值为 $U_m = $ _____ ，角频率 $\omega = $ _____ ，周期 $T = $ _____ ，频率 $f = $ _____ ，当 $t = 0.01$ 时的电压瞬时值为 _____ ．

4. 两个正弦量 $u_1 = 30\sin(100\pi t + 40°)$ V，$u_2 = 50\sin(100\pi t - 30°)$ V 的相位差等于 _____ ，它们的相位关系是 _____ ．

5. 在 $Rt\triangle ABC$ 中，$\angle C = 90°$，若 $a = 2$，$b = 2\sqrt{3}$，则 $\angle B = $ _____ ．

三、判断题（每题 2 分，共 10 分）

1. （　　） 由 $\sin \alpha = -\dfrac{1}{2}$，可得 $\alpha = 150°$．

2. （　　） $\cos 35° = \cos(15° + 20°) = \cos 15° + \cos 20°$．

3. （　　） $\sin(\alpha - \beta) = \sin \alpha \cos \beta - \cos \alpha \sin \beta$．

4. （　　） $y = \sin x$ 的图像上所有点横坐标变为原来的 2 倍，纵坐标不变，得到函数为 $y = \sin 2x$．

5. （　　） $y = 2\sin x - 2\cos x = 2\sqrt{2}\sin\left(x - \dfrac{\pi}{4}\right)$．

四、解答题（每题 8 分，共 40 分）

1. 已知 $\cos \alpha = \dfrac{\sqrt{3}}{2}$，在区间 $[0, 2\pi]$ 上，求角 α．

2. 已知 $\sin \alpha = \dfrac{4}{5}$，$\cos \beta = \dfrac{12}{13}$，且 α 和 β 都是锐角，求 $\sin(\alpha - \beta)$，$\cos(\alpha - \beta)$．

3. 函数 $y = A\sin(\omega x + \varphi)$ 的最大值为 3，最小正周期为 $\frac{\pi}{2}$，且图像经过点 $\left(-\frac{\pi}{8},\ 0\right)$，求此函数的解析式，并用五点法作出其在一个周期内的图像.

4. 在 Rt$\triangle ABC$ 中，$\angle C = 90°$，$\angle B = 60°$，$b = 3$，解三角形.

5. 已知在 RL 串联正弦交流电路中，测得总电压 $U = 30$ V，电流为 3 A，感抗 $X_L = 6\ \Omega$，则电阻为多少？

第 2 章

复数

2.1 复数的概念

学习目标

　　理解复数的一些基本概念. 理解可以用复平面内的点或向量来表示复数及它们之间的一一对应关系. 理解实轴、虚轴、模、共轭复数、辐角、辐角的主值等概念. 掌握用向量的模来表示复数的模的方法. 会进行复数的代数形式与三角形式的相互转化.

学习提示

1. 设所给复数为 $z=a+bi(a,b\in\mathbf{R})$，则

(1) z 为实数 $\Leftrightarrow b=0$；

(2) z 为虚数 $\Leftrightarrow b\neq 0$；

(3) z 为纯虚数 $\Leftrightarrow a=0$ 且 $b\neq 0$；

2. 若复数 $z_1=a+bi$，$z_2=c+di$，满足 $z_1=z_2$，则 $a=c$ 且 $b=d$；

3. 复数 $z=a+bi(a,b\in\mathbf{R})$ 与复平面内的点 $Z(a,b)$ 一一对应；

4. 复数 $z=a+bi$ 的模记为 $|z|$ 或 $|a+bi|$，且 $|z|=\sqrt{a^2+b^2}$；

5. 复数 $z=a+bi(a,b\in\mathbf{R})$ 的共轭复数记为 $\bar{z}$，$\bar{z}=a-bi$.

习题 2.1.1

A 组

1. 设复数 $z=a+bi$ $(a,b\in\mathbf{R})$，则复数 z 为实数的条件是 $b=$_____，这时复数 $z=$_____；复数 z 为纯虚数的条件是 $a=$_____，且 $b\neq$_____.

2. 若 $(3x-4)+(2y+3)i=0$，则实数 $x=$_____，实数 $y=$_____.

3. 指出下列各数哪些是实数，哪些是虚数，哪些是复数.

$2+\sqrt{2}$，0.618，$3i$，0，i^2，$5+2i$，$(1+\sqrt{3})i$.

4. 写出下列复数的实部与虚部.

$-5+5i$, $\dfrac{\sqrt{2}}{2}-\dfrac{\sqrt{2}}{2}i$, $-\sqrt{3}$, i, 0.

5. 求适合下列方程的 x 和 y (x, $y\in\mathbf{R}$) 的值.

(1) $(x+2y)-i=6x+(x-y)i$;

(2) $(x+y-3)+(x-y-1)i=0$.

6. 实数 m 取何值时, 复数 $z=(m+3)+(m-1)i$ 是实数、虚数、纯虚数.

7. 在电工学中, 为了与电流 i 相区别, 常用字母 j 表示虚数单位, 并将 $a+bi$ 写成 $a+jb$. 交流电路中, 电阻的复数表示仍为 R, 电感的感抗复数表示为 jX_L, 电容的容抗复数表示为 $-jX_C$. 感抗和容抗统称为电抗 X, 阻抗 Z 表示电阻和电抗的组合, 即 $Z=R+jX$.

从下列给出的复数中, 哪个可以表示电阻, 哪个可以表示阻抗, 哪个可以表示容抗, 哪个可以表示感抗.

$3-j3$, $\sqrt{5}$, $j(6+\sqrt{2})$, $j^3 2$.

B 组

1. 对于复数 $a+bi(a,b\in\mathbf{R})$，下列结论正确的是（　　）.

A. $a=0\Leftrightarrow a+bi$ 为纯虚数　　　　　　　　B. $b=0\Leftrightarrow a+bi$ 为实数

C. $a+(b-1)i=3+2i\Leftrightarrow a=3$，$b=-3$　　　D. -1 的平方等于 i

2. 实数 m 取何值时，复数 $z=(m^2-5m+6)+(m^2-4m+3)i$ 是实数、虚数、纯虚数、零？

3. 已知 m 和 n 都是实数，在什么条件下，下列复数是实数、虚数、纯虚数.

(1) $(2m+1)+(n-3)i$；　　　　　　　　　(2) $(m^2-4)-(n^2-3n-10)i$.

4. 一个复数 z 的实部与虚部的和是 0，实部与虚部的差是 2，求此复数.

习题 2.1.2

A 组

1. 在复平面上的点 $(-2,1)$ 所对应的复数为（　　）.

A. $2-i$　　　　　　B. $-2+i$　　　　　　C. $1+2i$　　　　　　D. $1-2i$

2. 复数 $z=-4+\sqrt{2}\,i$ 的共轭复数 $\bar{z}$ 等于（　　）.

A. $4+\sqrt{2}\,i$　　　　　　　　　　　　B. $-4-\sqrt{2}\,i$

C. $-4+\sqrt{2}\,i$　　　　　　　　　　　　D. $4-\sqrt{2}\,i$

3. 当 $\frac{1}{4} < m < 5$ 时，复数 $(4m-1)+(m-5)\mathrm{i}$ 对应的点在（　　）.

A. 第一象限　　　　　　　　　　B. 第二象限

C. 第三象限　　　　　　　　　　D. 第四象限

4. 复数 $\frac{1}{2} - \frac{\sqrt{3}}{2}\mathrm{i}$ 在复平面上对应的点的坐标为_____.

5. 复平面上的点 $(3，-4)$ 所对应的复数的共轭复数为_____.

6. 在复平面内作出表示下列各复数的点.

(1) $3+5\mathrm{i}$;　　　　　　　　　　(2) $-3+\mathrm{i}$;

(3) $-2\mathrm{i}$;　　　　　　　　　　(4) $1+\sqrt{2}\,\mathrm{i}$;

(5) $1+\mathrm{i}$;　　　　　　　　　　(6) $3-\sqrt{3}\,\mathrm{i}$.

7. 求下列各复数的共轭复数，并在复平面内表示它们.

(1) $8-5\mathrm{i}$;　　　　　　　　　　(2) $-7\mathrm{i}$;

(3) 3;　　　　　　　　　　(4) $-3-3\mathrm{i}$;

(5) $-\frac{1}{3}$;　　　　　　　　　　(6) $6\mathrm{i}$.

8. 实数 m 分别取何值时，复数 $(m^2+5m+6)+(m^2-2m-15)\mathrm{i}$：

(1) 与 $2-12\mathrm{i}$ 相等；

(2) 与复数 $12+16\mathrm{i}$ 共轭；

(3) 对应点在 x 轴上方.

9. 如果复数 $(3x+2y)+(5x-y)\mathrm{i}$ 是 $17+2\mathrm{i}$ 的共轭复数，求实数 x 和 y.

B 组

1. 实数 m 为何值时，复数 $(m^2-3m-4)+(m-6)\mathrm{i}$ 在复平面内所对应的点在实轴上、虚轴上、上半平面内、第四象限内.

2. 如果复数 $(x+y)+xy\mathrm{i}$ 是 $5+24\mathrm{i}$ 的共轭复数，求实数 x 和 y.

习题 2.1.3

A 组

1. 下列说法正确的是 （　　）.

A．两个复数的模相等，则这两个复数相等

B．$|-12+5\mathrm{i}|$ 与 $|6-7\mathrm{i}|$ 不能比较大小

C. 任意两个复数都能比较大小

D. 复数 0 的共轭复数是 0

2. 复数 z 的虚部为 8，且 $|z|=10$，则 $z=$ _____ .

3. 复数 $z=6-8i$ 的模为 _____ .

4. 已知复数 $-1+i$，$-5-12i$，$40+9i$，$4i$，$-\sqrt{5}i$.

(1) 在复平面内求作与各复数对应的向量；

(2) 求各复数的模.

5. 比较复数 $z_1=-5+12i$ 和 $z_2=-6-6\sqrt{3}i$ 的模的大小.

B 组

1. 已知复数 1，$6-8i$，$1+i$，$2-\sqrt{2}i$，$-4-6i$，$-\sqrt{3}i$.

(1) 在复平面内求作各复数及其共轭复数的向量；

(2) 求每一个复数及其共轭复数的模.

2. 模 $|z|$ 相等（例如 $|z|=1$）的所有复数 z 在复平面内对应的点形成一个什么图形？

习题 2.1.4

A 组

1. 复数 $z=a+bi$（a，$b\in\mathbf{R}$，a 和 b 不全为 0）的辐角有 _____ 个，辐角主值有 _____ 个，辐角主值的范围为 _____．

2. 求下列各复数的模和辐角主值．

(1) $2i$；

(2) $-\sqrt{3}$；

(3) $\sqrt{3}+i$；

(4) $1-\sqrt{3}i$．

3. 依照下列条件，在复平面内画出各复数及其共轭复数对应的向量．

(1) 复数 $z_1=-3-4i$；

(2) 复数 z_2 的模为 5，辐角主值为 $\dfrac{\pi}{4}$；

（3）复数 z_3 的模为 5，实部为 4，辐角是第四象限角.

4. 按表格第一行的要求填表.

复数 $a+b\mathrm{i}$	a	b	$\tan\theta=\dfrac{b}{a}$	复数对应点所在象限	辐角主值 θ
5	5	0	0	点(5，0)在实轴正半轴上	0
$-3\mathrm{i}$					
$-2-2\mathrm{i}$					
$-\dfrac{1}{2}+\dfrac{\sqrt{3}}{2}\mathrm{i}$					

B 组

1. 写出下图中各向量对应的复数.

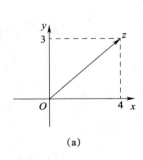

(a)

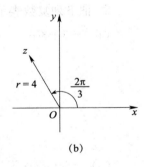

(b)

2. 在第 1 题的基础上完成下列各题.

（1）写出与图（a）中向量对应的复数的模和辐角主值的正切函数值；

（2）写出与图（b）中向量对应的复数的共轭复数的模和辐角主值.

习题 2. 1. 5

A 组

1. 把下列复数表示成代数形式.

(1) $4\left(\cos\dfrac{\pi}{3}+\mathrm{i}\sin\dfrac{\pi}{3}\right)$;

(2) $\sqrt{2}\left(\cos\dfrac{3\pi}{4}+\mathrm{i}\sin\dfrac{3\pi}{4}\right)$;

(3) $6\left(\cos\dfrac{11\pi}{6}+\mathrm{i}\sin\dfrac{11\pi}{6}\right)$;

(4) $3\left(\cos\dfrac{3\pi}{2}+\mathrm{i}\sin\dfrac{3\pi}{2}\right)$.

2. 把下列复数表示成三角形式.

(1) $-3+3\mathrm{i}$;

(2) $\sqrt{3}-\mathrm{i}$;

(3) $-1+\sqrt{3}\,\mathrm{i}$;

(4) -8;

(5) $2\mathrm{i}$.

3. 如题图所示为一典型的交流电路. 已知电阻 $R=120\ \Omega$，电感 $L=0.6$ H，电容 $C=20\ \mu F$，频率 $f=50$ Hz.

(1) 判断电路中会不会出现电压共振现象；

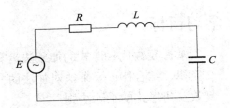

(2) 求总阻抗 Z，把结果化为复数的三角形式；

(3) 求总阻抗的大小 $|Z|$.

B 组

把下列复数表示成三角形式.

(1) $\cos\dfrac{2\pi}{9}-i\sin\dfrac{2\pi}{9}$；

(2) $-2\left(\cos\dfrac{2\pi}{9}+i\sin\dfrac{2\pi}{9}\right)$；

(3) $-\cos\dfrac{2\pi}{9}+i\sin\dfrac{2\pi}{9}$；

(4) $2\sqrt{3}-2\sqrt{3}i$.

2.2 复数的四则运算

学习目标

掌握复数代数形式的加减法运算. 掌握复数代数形式的乘除法运算. 理解复数乘法的交换律、结合律以及乘法对加法的分配律. 掌握一元二次方程在复数范围内的求解. 掌握复数三角形式的乘除法则.

学习提示

1. 设复数 $z_1 = a + bi$, $z_2 = c + di(a, b, c, d \in \mathbf{R})$,

复数的加法法则: $z_1 + z_2 = (a + bi) + (c + di) = (a + c) + (b + d)i$;

复数的减法法则: $z_1 - z_2 = (a + bi) - (c + di) = (a - c) + (b - d)i$;

复数的乘法法则: $z_1 z_2 = (a + bi)(c + di) = (ac - bd) + (ad + bc)i$;

复数的除法法则: $\dfrac{z_1}{z_2} = \dfrac{z_1 \cdot \overline{z_2}}{z_2 \cdot \overline{z_2}} = \dfrac{(a + bi)(c - di)}{(c + di)(c - di)}$.

2. 两个复数代数形式的乘法一般步骤:

①首先按多项式的乘法展开;

②再将 i^2 换成 -1;

③然后进行复数的加减运算.

3. 复数的三角运算法则: 设复数

$$z_1 = r_1(\cos \theta_1 + i\sin \theta_1);$$
$$z_2 = r_2(\cos \theta_2 + i\sin \theta_2);$$
$$z = r(\cos \theta + i\sin \theta),$$

则

$$z_1 z_2 = r_1 r_2 [\cos(\theta_1 + \theta_2) + i\sin(\theta_1 + \theta_2)];$$
$$\frac{z_1}{z_2} = \frac{r_1}{r_2} [\cos(\theta_1 - \theta_2) + i\sin(\theta_1 - \theta_2)];$$
$$z^n = r^n(\cos n\theta + i\sin n\theta).$$

习题 2.2.1

A 组

1. 计算下列各式.

(1) $(4 + 3i) + (5 + 7i)$;

(2) $(5-6i)-(3+4i)$；

(3) $(2-5i)+(3+7i)-(5+4i)$.

2. 在复平面内用向量表示下列复数的和与差.
(1) $(-3-4i)+(-1+i)$；

(2) $(6-3i)-(-3i-2)$.

3. 已知 $z=2+\sqrt{3}i$，求：(1) $z+\bar{z}$；(2) $z-\bar{z}$.

4. 已知 $(x+xi)+(y-2yi)=(-x+yi)-(3+19i)$，求实数 x 和 y 的值.

5. 已知复数 $z_1=-3+i$ 和 $z_2=5-3i$ 对应的向量为 $\overrightarrow{OZ_1}$ 和 $\overrightarrow{OZ_2}$，以 OZ_1 和 OZ_2 为邻边作平行四边形 OZ_1CZ_2，求向量 $\overrightarrow{OC}$ 所对应的复数.

6. 在三支并联的电路中，已知总复数电流为 $\dot{I}=(3-j4)$ A，其中两支的复数电流分别为 $\dot{I}_1=2\left(\cos\dfrac{\pi}{6}+j\sin\dfrac{\pi}{6}\right)$ A，$\dot{I}_2=2\left(\cos\dfrac{\pi}{3}+j\sin\dfrac{\pi}{3}\right)$ A，求另一支路复数电流 $\dot{I}_3$（结果用复数的代数形式表示，并保留两位小数）.

B 组

1. 判断下列说法是否正确，并说明理由.

（1）两个互为共轭复数的和是实数；

（2）两个互为共轭复数的差是纯虚数.

2. 若复数 $z_1=1+5i$，$z_2=3+\underline{\qquad} i$，则 $z_1+z_2=\underline{\qquad}+8i$，$z_1-z_2=-2+\underline{\qquad} i$.

3. 计算.

（1）$1+\left(-\dfrac{1}{2}+\dfrac{\sqrt{3}}{2}i\right)-\left(\dfrac{1}{2}+\dfrac{\sqrt{3}}{2}i\right)$；

（2）$(4-8i)+(-5+6i)-(2-7i)$.

4. 设复数 z_1 和 z_2 在复平面上对应的点分别是 $Z_1(2，3)$ 和 $Z_2(1，-2)$，求下列各复数所对应的点的坐标.

(1) z_1+z_2；

(2) z_1-z_2.

习题 2.2.2

A 组

1. 在复数集 **C** 中因式分解.

(1) $x^2+16=(x+4i)(x-\underline{\qquad})$；

(2) $x^4-1=(x+1)(x-\underline{\qquad})(x+i)(x-\underline{\qquad})$；

(3) $x^2+4x+6=(x+\underline{\qquad})(x+\underline{\qquad})$.

2. 判定下列方程根的类型，并求方程的根.

(1) $x^2+4x+6=0$；　　　　　　　　(2) $x^2+x-6=0$；

(3) $4x^2+9=0$；　　　　　　　　　(4) $x^2-4x+4=0$.

3. 已知实系数一元二次方程 $x^2+bx+c=0$ 的一个根是 $3-4\mathrm{i}$，求 b，c 和另一个根.

B 组

1. 在复数集 **C** 中解方程.

(1) $x^2-4x+5=0$；　　　　　　　　　(2) $4x^2+35=10$.

2. 已知实系数一元二次方程的一个根是 $1+\sqrt{3}\,\mathrm{i}$，试写出满足要求的一个一元二次方程.

3. 已知两数的和等于 14，两数的积等于 58，求这两个数.

习题 2.2.3

A 组

1. 计算下列各式.

(1) $(3+2\mathrm{i})(7+\mathrm{i})$；　　　　　　　　　(2) $(1+\mathrm{i})(1-\mathrm{i})$；

(3) $(4-8i)i$;

(4) $(1-\sqrt{2}i)^2$.

2. 已知 $z_1=3+2i$，$z_2=1-4i$，计算 $z_1 z_2$ 和 $z_1 \bar{z}_1$.

3. 已知在交流电路中，阻抗 Z_1，Z_2 在电路中是串联的，且阻抗 $Z_1=(6-j2)\ \Omega$，$Z_2=(2+j)\ \Omega$. 求电路中的总阻抗 Z.

4. 计算下列各式.

(1) i^{23}；

(2) i^{352}；

(3) $i^{2\,024}$；

(4) $i+i^2+i^3+i^4$.

B 组

1. 在下列各题中，已知 z，求 $\bar{z}$，并验证 $z\bar{z}=|z|^2$.

(1) $z=3+4i$；

(2) $z=-5+12i$.

2. 计算下列各式.

(1) $(1-2i)(2+i)(3-4i)$；

(2) $(1-i)+(2-i^3)+(3-i^5)+(4-i^7)$.

3. 设 $z=x+yi$ 的平方等于 $5-12i$，求 z.

4. 设 $\omega=-\dfrac{1}{2}+\dfrac{\sqrt{3}}{2}i$，求证：

(1) $1+\omega+\omega^2=0$；

(2) $\omega^3=1$.

习题 2.2.4

A 组

1. 计算下列各式.

(1) $(1+2i) \div (3-4i)$；

(2) $\dfrac{2i}{1-i}$；

(3) $\dfrac{1}{1+i}$；

(4) $\left(\dfrac{1+i}{1-i}\right)^{8}$；

(5) $\dfrac{1}{i^{3}}$；

(6) $\dfrac{2+i}{7+4i}$.

2. 已知在交流电路中，阻抗 Z_1，Z_2 在电路中是并联的，且阻抗 $Z_1 = (6-j2)\ \Omega$，$Z_2 = (2+j)\ \Omega$. 求电路中的总阻抗 Z.

B 组

1. 计算下列各式.

(1) $\dfrac{(1-2i)^2}{3-4i} - \dfrac{(2+i)^2}{4-3i}$；

(2) $\dfrac{1}{(1+i)^2} + \dfrac{1}{(1-i)^2}$.

2. 已知 $z_1 = 5+10i$，$z_2 = 3-4i$，$\dfrac{1}{z} = \dfrac{1}{z_1} + \dfrac{1}{z_2}$，求 z.

习题 2.2.5

A 组

计算下列各式.

(1) $3(\cos 30° + i\sin 30°) \cdot \left[\dfrac{2}{3}(\cos 60° + i\sin 60°)\right]$；

(2) $(\cos 18° + i\sin 18°)^5$；

(3) $(1-i)^8$；

(4) $\dfrac{2(\cos 40°+\text{isin } 40°)}{\sqrt{2}(\cos 10°+\text{isin } 10°)}$;

(5) $\dfrac{2\left(\cos \dfrac{7\pi}{12}+\text{isin }\dfrac{7\pi}{12}\right)}{3\left(\cos \dfrac{5\pi}{12}+\text{isin }\dfrac{5\pi}{12}\right)}$.

B 组

1. 计算下列各式.

(1) $2\left(\cos \dfrac{5\pi}{6}+\text{isin }\dfrac{5\pi}{6}\right) \cdot \left(-\dfrac{1}{2}-\dfrac{\sqrt{3}}{2}\text{i}\right)$;

(2) $\left(-\cos \dfrac{\pi}{7}-\text{isin }\dfrac{\pi}{7}\right)^{7}$;

（3）$\dfrac{2}{\cos 120° - i\sin 120°}$.

2. 已知 $z = \dfrac{(4-3i)(-1+\sqrt{3}\,i)^{10}}{(1-i)^{12}}$，求 $|z|$.

3. 已知 $z = \cos\dfrac{\pi}{8} + i\sin\dfrac{\pi}{8}$，求 $|z^7|$.

4. 当 n 取怎样的正整数时，复数 $z = (1+\sqrt{3}\,i)^n$ 是一个实数.

2.3 复数的极坐标形式和指数形式

学习目标

能复述极坐标形式的几何意义，运用极坐标形式表示复数；能独立进行复数的代数形式、三角形式、极坐标形式、指数形式间的相互转化；能运用复数指数形式、极坐标形式的乘除运算法则进行运算；能理解复数乘法运算的几何意义并能对复数乘除画相量图；能应用复数的乘除运算方法解决简单的电路运算.

学习提示

1. 复数的指数形式、极坐标形式和三角形式、代数形式的内在联系是复数的模与辐角，通过复数在复平面内的表示，可将四种模式进行合并理解.

2. 复数的极坐标形式和指数形式在乘除运算时更方便，通过模的相乘除和辐角的相加减即可得到对应的积、商.

3. 复数的乘法的几何意义主要表现在方向的逆时针或顺时针旋转与模的伸长或缩短，学习时可对比复数加法的三角形法则，寻找其中的区别.

4. 复数的极坐标乘法运算，在交流电分析中有广泛应用，可通过数形结合分析旋转因子乘以原复数的几何意义.

5. 运用复数极坐标形式、指数形式的乘除运算解决电路问题的一般思路如下：

求模→求辐角→乘除运算→得出结论→实际应用.

习题 2.3.1

A 组

1. 下列说法正确的是 （　　　）.

A. 复数 $-4\left(\cos\dfrac{\pi}{3}+\mathrm{i}\sin\dfrac{\pi}{3}\right)$ 的模是 -4

B. 复数 $\mathrm{e}^{\mathrm{i}\pi}=1$

C. 复数 $-4\mathrm{i}$ 的指数形式是 $-4\mathrm{e}^{\mathrm{i}\frac{\pi}{2}}$

D. 在 $r\angle\theta$ 中，θ 可以取弧度，也可以取角度

2. 复数 $5\mathrm{e}^{\mathrm{i}\frac{3\pi}{4}}$ 的模是_____，辐角主值是_____，三角形式是_____，极坐标形式是_____，代数形式是_____.

3. 复数 $-\sqrt{3}+\mathrm{i}$ 的模是_____，辐角主值是_____，三角形式是_____，极坐标形式是_____，指数形式是_____.

4. 复数 $8\angle\dfrac{\pi}{3}$ 的三角形式是_____，代数形式是_____.

5. 将下列复数转化为三角形式和代数形式.

(1) $\sqrt{3}\angle{-\dfrac{5\pi}{4}}$；

(2) $\sqrt{3}\angle{330°}$；

(3) $8e^{-i\frac{2\pi}{3}}$；

(4) $\dfrac{3}{5}e^{i\frac{5\pi}{6}}$.

B 组

等式 $e^{i\pi}+1=0$ 把数学中常用的五个数 e，i，π，1，0 联系在了一起. 请你尝试验证这个等式.

习题 2.3.2

A 组

1. 如题图所示，复数 $z\cdot i$，相当于将复数 z 对应的向量按照_____时针方向旋转_____度；复数 $z\cdot i^2$，相当于将复数 z 对应的向量按照_____时针方向旋转_____度；复数 $z\cdot i^3$，相当于将复数 z 对应的向量按照_____时针方向旋转_____度.

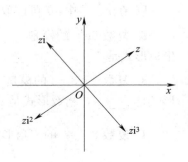

2. 已知复数 $z_1 = \sqrt{5}\,\mathrm{e}^{\mathrm{i}\frac{7\pi}{6}}$，$z_2 = \sqrt{15}\,\mathrm{e}^{\mathrm{i}\frac{\pi}{3}}$，求 $z_1 z_2$，$\dfrac{z_1}{z_2}$，$(z_1 z_2)^6$.

3. 已知复数 $z_1 = 4\angle\dfrac{11\pi}{6}$，$z_2 = 3\sqrt{2}\angle\dfrac{3\pi}{2}$，求 $z_1 z_2$，$\dfrac{z_1}{z_2}$，z_2^4.

4. 求下列各式的值.

(1) $\dfrac{2}{3}\mathrm{e}^{\mathrm{i}\frac{3\pi}{5}} \cdot \dfrac{7}{12}\mathrm{e}^{-\mathrm{i}\frac{\pi}{4}}$；

(2) $\dfrac{\left(\sqrt[4]{27}\,\mathrm{e}^{\mathrm{i}\frac{\pi}{8}}\right)^4}{\left(6\mathrm{e}^{-\mathrm{i}\frac{3\pi}{4}}\right)(4\mathrm{e}^{\mathrm{i}\pi})^2}$；

(3) $\dfrac{(2\angle 15°)^3 \cdot \left(\dfrac{\sqrt{3}}{2}\mathrm{e}^{\mathrm{i}\frac{\pi}{4}}\right)^2}{16\angle 60°}$.

B 组

1. 如题图所示，已知某电路总阻抗 $Z_1 = 53.6\angle 68.2°\ \Omega$，$\dot{U} = 220\angle 0°\ \mathrm{V}$，求 $\dot{I}_1$.

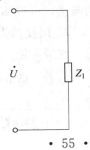

2. 已知复数 $z_1 = 3 \angle 30°$，$z_2 = 2 \angle 135°$，求 $z_1 z_2$ 并在复平面上作出示意图.

2.4　正弦量的复数表示

学习目标

进一步熟悉正弦量，学会应用复数表示正弦量；能用符号法（相量法）进行正弦交流电路分析；能区分电压、电流的最大值（幅值）相量、有效值相量，并知晓两者的大小关系.

学习提示

1. 在已有三要素的基础上，进一步用复数表示正弦量，并学习符号法（相量法）表示正弦量有效值或最大值及初相位.

2. 电压、电流的最大值（幅值）相量是电压、电流有效值相量的 $\sqrt{2}$ 倍，注意两者的符号区别.

3. 相量图能形象、直观表达各个相量对应的正弦量的大小和相互间的相位关系，注意只有同频率的正弦电压、正弦电流才能画在同一个相量图上.

4. 相量图为具体电路计算提供了方便，注意电工学公式的应用.

5. 电路相量问题解决的一般步骤如下：

审题→确认已知量→化为复数式→运算→检验.

习题

A 组

1. 旋转因子 $e^{i\omega t}$ 是一个模为_____，且在复平面上以角速度 ω 沿_____方向旋转的向量，可以认为旋转因子表示的是对应正弦量的_____.

2. 用复数进行正弦交流电路分析计算的方法，称为_____. 用来表示正弦量的有效值（或最大值）及初相位的复数称为_____.

3. $\dot{U}_m$ 是电压 u 的_____相量，$\dot{U}$ 是电压 u 的_____相量，两者的倍数关系为_____.

4. 下列命题为真命题的是（　　）.

A. 相量只是用于表示对应的正弦量，而不是等于对应的正弦量

B. 任意两个正弦量都可以用相量来表示，并进行分析与计算

C. $\dot{I}_m = \sqrt{2}\,\dot{I}$

D. 若 $u = 141\sin\left(\omega t + \dfrac{\pi}{3}\right)$ V，则电压相量为 $\dot{U} = 141\angle\dfrac{\pi}{3}$ V

5. 已知正弦电动势 $e = E_m\sin(\omega t + \varphi_e) = \sqrt{2}\,E\sin(\omega t + \varphi_e)$，试写出正弦电动势的最大值（或幅值）相量和有效值相量.

6. 用幅值向量表示下列正弦量.

(1) $u = 144\sin(135t + 45°)$ V；   (2) $i = 144\sin(135t - 30°)$ A.

B 组

1. 已知电流相量 $\dot{I} = 220\sqrt{2}\left(\cos\dfrac{\pi}{6} + \mathrm{i}\sin\dfrac{\pi}{6}\right)$ A 和复阻抗 $Z = (3 - \mathrm{j}4)$ Ω，求电压有效值相量和电压瞬时值表达式.

2. 已知 $i_1 = 141\sin\left(\omega t + \dfrac{\pi}{6}\right)$ A，$i_2 = 70.7\sin\left(\omega t - \dfrac{\pi}{4}\right)$ A，求：

(1) $\dot{I}_1$ 和 $\dot{I}_2$ 的向量和；

(2) 两电流之和的瞬时值 i；

(3) 画出向量图.

3. 已知 $R=10\ \Omega$，$X_C=20\ \Omega$，$u=220\sqrt{2}\sin 314t$ V，求 $\dot{I}$.

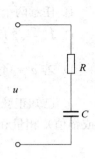

复习题

一、填空题

1. 已知实系数一元二次方程 $x^2-px+q=0$ 的一个根是 $2+3\mathrm{i}$，则另一个根是_____，实数 $p=$_____，$q=$_____.

2. 复数 $z=(-1+\mathrm{i})^6+(-1-\mathrm{i})^6$ 的实部为_____，虚部为_____，共轭复数为_____.

3. 复数 $z=7\left(\cos\dfrac{\pi}{6}-\mathrm{i}\sin\dfrac{\pi}{6}\right)$ 的三角形式为_____，指数形式为_____，极坐标形式为_____.

4. 若复数 z 能使等式 $8z-3z\mathrm{i}=54-2\mathrm{i}$ 成立，则复数 $z=$_____.

5. $\dot{I}_m$ 是电流 i 的_____相量，$\dot{I}$ 是电流 i 的_____相量，两者的倍数关系为_____.

6. 复数 $z=\mathrm{i}+\mathrm{i}^2$ 在复平面对应的点在第_____象限.

二、选择题

1. 若 $a=b$（a，b 是实数且 $a\neq0$），则 $(a+b)+(a-b)\mathrm{i}$ 是（　　）.

A. 实数　　　　　　　B. 纯虚数　　　　　　　C. 虚数　　　　　　　D. 复数

2. 若 $(2x-3)+(4-y)\mathrm{i}$ 是实数，则 x 和 y 分别为（　　）.

A. $x=\dfrac{3}{2}$，$y=4$ 　　　　　　　　　　B. $x=\dfrac{3}{2}$，$y\neq4$

C. $x\neq\dfrac{3}{2}$，$y\neq4$ 　　　　　　　　　D. x 是任意实数，$y=4$

3. 若 $x^2+1=0$，则 $x^{2005}+x^{-2005}$ 的值为（　　）.

A. 0　　　　　　　　B. $2\mathrm{i}$　　　　　　　　C. $-2\mathrm{i}$　　　　　　　D. 2

4. $\dfrac{\sqrt{2}\,\mathrm{e}^{\mathrm{i}\frac{\pi}{12}}\cdot\dfrac{1}{4}\mathrm{e}^{\mathrm{i}\frac{2\pi}{3}}}{2\mathrm{e}^{\mathrm{i}\frac{5\pi}{4}}}=$（　　）.

A. $\dfrac{\sqrt{2}}{8}e^{i\frac{\pi}{2}}$ B. $\dfrac{\sqrt{2}}{8}e^{-i\frac{\pi}{2}}$ C. $\dfrac{\sqrt{2}}{4}e^{-i\frac{\pi}{2}}$ D. $\sqrt{2}e^{-i\frac{\pi}{2}}$

5. 已知 $|z|=3$，且 $z+3i$ 是纯虚数，则 $z=$（ ）.

A. $-3i$ B. $3i$ C. ± 3 D. $4i$

三、解答题

1. 已知复数 $z=3e^{i\frac{2\pi}{3}}$，求 $\dfrac{1}{z}$ 的模和辐角主值.

2. 已知复数 $z=\dfrac{a-6}{a+1}+(a^2-5a-6)i\ (a\in\mathbf{R})$. 求实数 a 取什么值时，复数 z 是：

（1）实数；

（2）虚数；

（3）纯虚数.

3. 利用公式 $a^2+b^2=(a+bi)(a-bi)$，把下列各式分解成复数系数的一次因式的积.

（1）x^2+4； （2）a^4-b^4；

（3）$a^2+2ab+b^2+c^2$； （4）x^2+2x+3.

4. 求下列复数的共轭复数.

(1) $z = \dfrac{3i}{-1+4i}$;

(2) $z = \dfrac{1}{3}\left(\cos\dfrac{\pi}{3} + i\sin\dfrac{\pi}{3}\right)$.

5. 求下列各式的值.

(1) $(1+\sqrt{3}\,i)^3 \cdot \left(\cos\dfrac{5\pi}{6} + i\sin\dfrac{5\pi}{6}\right)$;

(2) $\left(\sqrt[4]{12}\,e^{i\frac{\pi}{8}}\right)^4 \cdot \left(\dfrac{1}{3}e^{-i\frac{\pi}{6}}\right)^3$;

(3) $\dfrac{\left(\dfrac{1}{2}\angle 15^\circ\right)^4 \cdot \left(4e^{i\frac{3\pi}{4}}\right)^2}{2\angle 30^\circ}$;

(4) $3(\cos 18^\circ + i\sin 18^\circ) \cdot 2(\cos 54^\circ + i\sin 54^\circ) \cdot 5(\cos 108^\circ + i\sin 108^\circ)$.

四、应用题

如题图所示，已知电路中的瞬时电压 $u=10\sin(4t+0°)$ V，求电路中的瞬时电流 i.

所需要的公式为：

电压相量 $\dot{U}=\dfrac{U_m}{\sqrt{2}}\underline{/\varphi}=U\underline{/\varphi}$；

电抗 $X=X_L-X_C$；

感抗 $X_L=\omega L$；

容抗 $X_C=\dfrac{1}{\omega C}$；

总复数阻抗 $Z=R+\mathrm{i}X=R+\mathrm{j}(X_L-X_C)$.

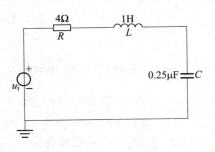

测 试 题

总分 100 分，时间：90 分钟

一、选择题（每小题 3 分，共 30 分）

1. 已知复数 $z=1+i$（其中 i 为虚数单位），则以下说法不对的是（ ）.
   A. 复数 z 的虚部为 1   B. 复数 z 的实部是 2
   C. 复数 z 的共轭复数 $\bar{z}=1-i$ D. 复数 z 在复平面内对应的点在第一象限

2. 若复数 z 为纯虚数，且 $z(3-7i)=m+3i$，则实数 m 的值为（ ）.
   A. $-\dfrac{9}{7}$ B. 7   C. $\dfrac{9}{7}$ D. -7

3. 已知复数 z 在复平面上对应的向量 $\overrightarrow{OZ}=(-1,2)$，则（ ）.
   A. $z=-1+2i$ B. $z=1-2i$ C. $\bar{z}=1+2i$ D. $|z|=5$

4. 复数 $\dfrac{2}{1+i}=$（ ）.
   A. $-1-i$ B. $-1+i$ C. $1-i$ D. $1+i$

5. 设 $z=\dfrac{2+i}{i}$，则 $|z|=$（ ）.
   A. $\sqrt{2}$ B. $\sqrt{5}$ C. 2   D. 5

6. 欧拉是瑞士著名数学家，他首先发现：$e^{i\theta}=\cos\theta+i\sin\theta$，此结论被称为"欧拉公式"，它将指数函数的定义域扩大到复数集，建立了三角函数和指数函数的关系. 根据欧拉公式可知，$e^{i\pi}=$（ ）.
   A. 1   B. -1 C. 0   D. $1+i$

7. 已知复数 $z_1=2\left(\cos\dfrac{\pi}{6}-i\sin\dfrac{\pi}{6}\right)$，则其辐角主值为（ ）.
   A. $\dfrac{\pi}{6}$ B. $-\dfrac{\pi}{6}$ C. $\dfrac{7\pi}{6}$ D. $\dfrac{11\pi}{6}$

8. 复数 $z=\sqrt{3}-i$ 的模和辐角主值分别是（ ）.
   A. $\sqrt{3}$，-1 B. 2，$\dfrac{11\pi}{6}$ C. 2，$-\dfrac{2\pi}{3}$ D. $\sqrt{3}$，$\dfrac{5\pi}{6}$

9. 下面各式与 $z=2\sqrt{2}e^{i\frac{\pi}{6}}$ 相等的复数是（ ）.
   A. $2\left(\cos\dfrac{\pi}{6}+i\sin\dfrac{\pi}{6}\right)$ B. $2\sqrt{2}\left(\cos\dfrac{\pi}{6}+i\sin\dfrac{\pi}{6}\right)$
   C. $2\left(\cos\dfrac{\pi}{6}-i\sin\dfrac{\pi}{6}\right)$ D. $2\sqrt{2}\sin\left(\omega t+\dfrac{\pi}{6}\right)$

10. 已知正弦交流电 $i=5\sqrt{2}\sin\left(100\pi t-\dfrac{\pi}{4}\right)$ A，则电流的最大值相量和有效值相量分

别为（　　）．

A. $5\sqrt{2}$，5

B. 5，$5\sqrt{2}$

C. $5\sqrt{2}\angle-\dfrac{\pi}{4}$，$5\angle-\dfrac{\pi}{4}$

D. $5\angle\dfrac{\pi}{4}$，$5\sqrt{2}\angle\dfrac{\pi}{4}$

二、填空题（每小题 3 分，共 15 分）

1. 已知复数 $z=\sin\dfrac{\pi}{3}+\mathrm{i}\cos\dfrac{\pi}{3}$，则 $|z|=$ _____，它的辐角主值为 _____．

2. 计算 $\dfrac{3+\mathrm{i}}{1-\mathrm{i}}=$ _____．

3. 已知复数 $z=\dfrac{2}{1-\mathrm{i}}$，则复数 z 的共轭复数为 _____．

4. 复数 $z_1=3\angle30°$，$z_2=2\angle50°$，则 $|z_1z_2|=$ _____．

5. 已知 $u=311\sin(\omega t+30°)$ V，则 $\dot{U}_{\mathrm{m}}=$ _____，$\dot{U}=$ _____．

三、解答题（共 55 分）

1.（9 分）计算下列各式．

（1）$(3-2\mathrm{i})+(-2+3\mathrm{i})$；

（2）$(3-2\mathrm{i})(-2+3\mathrm{i})$；

（3）$\dfrac{2-\mathrm{i}}{5+3\mathrm{i}}$．

2.（9 分）把下列复数表示成三角形式．

（1）$3-3\mathrm{i}$；

（2）$5\angle60°$；

（3）-2.

3.（9分）将下列复数转化为三角形式和代数形式.

（1）$2\angle-\dfrac{\pi}{4}$；

（2）$\dfrac{2}{5}e^{i\frac{3\pi}{5}}$.

4.（9分）已知正弦电压 $u=220\sqrt{2}\sin\left(\omega t+\dfrac{\pi}{3}\right)$ V，求电压的最大值（或幅值）相量和有效值相量.

5.（9分）已知复数 $z=(m+1)+(2m-1)i\ (m\in\mathbf{R})$

（1）若 z 为纯虚数，求实数 m 的值；

（2）若 z 在复平面内的对应点位于第四象限，求实数 m 的取值范围.

6.（10分）已知 $i_1=15\sqrt{2}\sin(\omega t+45°)$ A，$i_2=10\sqrt{2}\sin(\omega t-30°)$ A

（1）求有效值相量 $\dot{I}_1$ 和 $\dot{I}_2$；

（2）求两电流之和的瞬时值 i；

（3）画出相量图.

第 3 章

平面解析几何（Ⅰ）
——直线与圆的方程

3.1 直线与方程

学习目标

　　会用两点间的距离公式，求数轴或平面直角坐标系中两点间的距离，体会用代数方法研究几何图形的数学思想；会结合图形探索确定直线的几何要素，会用直线的倾斜角和斜率的定义及计算公式，求经过两点的直线的斜率和倾斜角；会写直线方程的点斜式、斜截式和一般式，能根据条件求出直线方程；会根据直线的斜率判断两直线的位置关系，会求两条相交直线的交点坐标；会用公式求点到直线的距离及两条平行直线间的距离.

学习提示

　　1. **数轴上两点间的距离公式**：
$$|AB| = |x_1 - x_2|,$$
其中，A，B 两点在数轴上的坐标分别为 x_1，x_2.

　　2. **平面上两点间的距离公式**：
$$|AB| = \sqrt{(x_1 - x_2)^2 + (y_1 - y_2)^2},$$
其中，A，B 两点在平面上的坐标分别为 (x_1, y_1)，(x_2, y_2).

　　3. **直线方程**：

直线的点斜式方程：$y - y_0 = k(x - x_0)$；

直线的斜截式方程：$y = kx + b$；

直线的一般方程：$Ax + By + C = 0$（A，B 不全为 0）.

习题 3.1.1

A 组

1. 下列说法正确的是（　　）.

A. 任意一条直线都有倾斜角

B. 任意一条直线都有斜率

C. 直线的倾斜角越大，它的斜率的值也越大

D. 当直线与 x 轴平行时，斜率不存在

2. 填写下表.

倾斜角 α	30°	45°	60°	120°	135°	150°
斜率 k						

3. 填空

(1) 已知直线 l_1 的倾斜角为 $30°$，直线 $l_1 \perp l_2$，则直线 l_2 的倾斜角为_____．

(2) 经过点 $(-2，m)$ 和 $(m，4)$ 的直线的斜率为 1，则 $m=$_____．

4. 根据倾斜角 α 的取值范围，判断斜率的范围．

(1) 当直线的倾斜角为锐角时，$0°<\alpha<90°$，则 k _____ 0；

(2) 当直线的倾斜角为钝角时，$90°<\alpha<180°$，则 k _____ 0．

5. 已知点 $A(5，2)$，$B(3，6)$，请在坐标轴（x 轴或 y 轴）上取一点 P，使 $|AP|=|BP|$．

6. 求经过下列两点的直线的斜率和倾斜角．

(1) $P_1(0，-2)$，$P_2(4，2)$；　　　　　(2) $P_1(0，-4)$，$P_2(-\sqrt{3}，-1)$；

(3) $P_1(0，0)$，$P_2(1，\sqrt{3})$；　　　　　(4) $P_1(-\sqrt{3}，\sqrt{2})$，$P_2(\sqrt{2}，-\sqrt{3})$．

7. 已知直线 l 的倾斜角为 $\dfrac{\pi}{4}$，且过点 $(m，2)$ 和 $(3，-4)$，求 m 的值．

B 组

1. 若直线经过点 $(-2，3)$ 和点 $(1，m)$，且倾斜角为锐角，则 m 的取值范围是（　　）．

A. $m>3$　　　　　B. $m<3$　　　　　C. $m>-3$　　　　　D. $m<-3$

2. 直线的倾斜角为 α，且 $\sin \alpha=\dfrac{3}{5}$，则直线 l 的斜率 $k=$（　　）．

A. $\dfrac{3}{4}$ B. $\dfrac{4}{3}$ C. $-\dfrac{3}{4}$ D. $\pm\dfrac{3}{4}$

3. 已知点 $P(6,a)$ 在过两点 $A(-1,3)$ 和 $B(5,-2)$ 的直线上，则 $a=$_____.

4. 若三点 $(1,-3)$，$(a,2)$，$(4,6)$ 在同一条直线上，求 a 的值.

5. 判断 $A(-1,4)$，$B(-4,-2)$，$C(2,10)$ 三点是否在一条直线上.

6. 设直线 AB 的倾斜角等于由 $C(-\sqrt{3},0)$ 和 $D(0,1)$ 两点所确定直线的倾斜角的 2 倍，求直线 AB 的斜率.

7. 已知平行四边形 $ABCD$ 的三个顶点 $A(-1,-2)$，$B(3,1)$，$C(0,2)$，求顶点 D 的坐标.

习题 3.1.2

A 组

1. 斜率等于 0 的直线一定是（   ）.

A. 过原点的直线   B. 垂直于 x 轴的直线

C. 垂直于 y 轴的直线   D. 垂直于坐标轴的直线

2. 填空.

(1) 过点 $M(1,3)$，斜率为 2 的直线的点斜式方程是_____;

(2) 过点 $A(-1,0)$，倾斜角为 $120°$ 的直线的点斜式方程是_____.

3. 已知下列直线的点斜式方程，求各条直线的斜率和倾斜角.

(1) $y-7=\sqrt{3}(x-5)$；

(2) $y+10=-\dfrac{\sqrt{3}}{3}(x+15)$；

(3) $y+8=x-12$；

(4) $y-1=-x+14$.

4. 指出下列直线的特点并作图.

(1) $x-2=0$；

(2) $y+1=0$；

(3) $x=0$；

(4) $y=0$；

(5) $x-y=0$；

(6) $x+y=0$.

5. 直线过点 $M(3，4)$，斜率是直线 $y=\sqrt{3}x-1$ 的斜率的 2 倍，求此直线的点斜式方程.

B 组

1. 根据下列条件写出直线的方程并画出图形.
(1) 过点 $A(-3, 7)$, 倾斜角是 $30°$;
(2) 过点 $B(2, -5)$, 且与 y 轴垂直.

2. 已知直线 $y = kx - 3$ 通过点 $(-1, -2)$, 求 k 的值.

3. 若方程 $(m-1)x + (m^2-1)y - 2m + 1 = 0$ 表示一条与数轴垂直的直线, 求实数 m 的值.

4. 已知直线 l 过点 $P(2, 1)$ 且与两坐标轴围成等腰直角三角形, 求直线 l 的方程.

习题 3.1.3

A 组

1. 直线 $y = kx + b$ 经过点 $(-2, 0)$ 和 $(0, 3)$, 则它的斜率 k 和在 y 轴上的截距 b 分别为 (   ).

A. $\dfrac{3}{2}$, 3   B. $-\dfrac{3}{2}$, -2 C. $\dfrac{3}{2}$, -2 D. $-\dfrac{3}{2}$, 3

2. 若直线 $y = kx + b$ 经过第二、第三、第四象限, 则直线的斜率 k 和在 y 轴上的截距 b 满足的条件是 (   ).

A. $k<0$, $b>0$ B. $k<0$, $b<0$ C. $k>0$, $b>0$ D. $k>0$, $b<0$

3. 若直线的点斜式方程为 $y-10=\dfrac{3}{2}(x+2)$，则它的斜截式方程为 _____，

它在 y 轴上的截距 $b=$ _____.

4. 不论 k 取何值，直线 $y=kx+b$ 必过定点 $(0, -2)$，则 $b=$ _____.

5. 求下列直线的斜率 k，在 y 轴上的截距 b 及在 x 轴上的截距 a 的值.

(1) $y=2x+3$；

(2) $y=-\sqrt{3}(x+5)$；

(3) $x=2y-1$；

(4) $2x-y-7=0$.

6. 求满足下列条件的直线 l 的方程.

(1) 倾斜角是 $135°$，在 y 轴上的截距是 3；

(2) 倾斜角是 $60°$，在 x 轴上的截距是 5；

(3) 斜率是 -2，过点 $(0, 4)$.

B 组

1. 若 α 为直线 $y=kx+3$ 的倾斜角，且 $\tan\alpha>0$，则该直线的图形可能是（　　）.

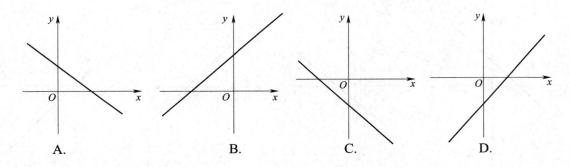

A.　　　　　　B.　　　　　　C.　　　　　　D.

2. 根据下列已知条件求直线的点斜式和斜截式方程.

（1）经过两点 $P_1(3，-2)$ 和 $P_2(5，-4)$；

（2）在 x 轴和 y 轴上的截距分别是 -3 和 4.

3. 如题图所示，已知正方形的边长是 2，两个对角线在坐标轴上，求正方形各边所在直线的方程.

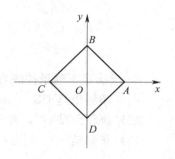

习题 3. 1. 4

A 组

1. 直线 $3x+5y-2=0$ 的斜率为（　　）.

A. $\dfrac{3}{5}$　　　　　　B. $-\dfrac{3}{5}$　　　　　　C. $-\dfrac{5}{3}$　　　　　　D. $\dfrac{5}{3}$

2. 在平面直角坐标系中，直线 $x-\sqrt{3}\,y+3=0$ 的倾斜角等于（　　）.

A. $\dfrac{\pi}{6}$　　　　　　B. $-\dfrac{\pi}{3}$　　　　　　C. $-\dfrac{2\pi}{3}$　　　　　　D. $\dfrac{5\pi}{6}$

3. 若 A，B，C 均为正数，则直线 $Ax+By+C=0$ 的图形可能是（　　）.

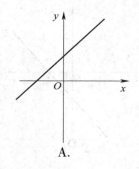　　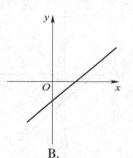　　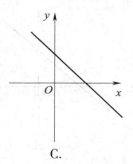　　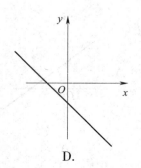

A.　　　　　　　　　B.　　　　　　　　　C.　　　　　　　　　D.

4. 过点(2，3)，且在坐标轴上的截距相等的直线方程是（　　）.

A. $x+y-5=0$ B. $x+y-5=0$ 或 $3x-2y=0$

C. $x-y+1=0$ D. $x-y+1=0$ 或 $3x-2y=0$

5. 直线 $2x-3y+6=0$ 与 x 轴交点的坐标是_____；与 y 轴交点的坐标是_____；与坐标轴围成的三角形的面积是_____.

6. 由下列条件计算出直线方程，并转化为一般式方程.

(1) 经过点 $P_1(5，-4)$ 和 $P_2(3，-2)$；

(2) 在 x 轴和 y 轴上的截距分别是 $\dfrac{3}{2}$ 和 -3；

(3) 倾斜角是 $120°$，在 y 轴上的截距是 4；

(4) 过点 $B(-3，4)$，且垂直于 x 轴.

7. 已知直线 l 的方程为 $2x-3y+6=0$，求直线 l 的斜率 k 和在 y 轴上的截距 b，并画出图形.

B 组

1. 直线 $mx-(m-1)y+3=0$，当 m 满足什么条件时：

(1) 与两条坐标轴都相交；

(2) 只与 x 轴相交；

(3) 只与 y 轴相交.

2. 如果直线 $3x + ay + 4 = 0$，在 y 轴上的截距是 2，求 a 的值；

3. 如果直线 $ax + by + 10 = 0$，在 x 轴上的截距是 4，在 y 轴上的截距是 -5，求此直线方程.

4. 求直线 $3x - y + 1 = 0$ 关于 y 轴对称的直线方程.

习题 3.1.5

A 组

1. 直线 $6x + 2y - 5 = 0$ 与直线 $y = -3x + 4$ 的位置关系是（　　）.

A. 重合　　　　　　B. 平行　　　　　　C. 相交　　　　　　D. 都有可能

2. 若直线 l_1 上有两点 $(-2，-2)$ 和 $(-3，1)$，直线 l_2 上有两点 $(3，5)$ 和 $(7，-7)$，则 l_1 与 l_2 的位置关系是_____.

3. 已知直线 l：$(m^2 - 1)x + (m + 1)(m - 2)y - 4 = 0$，求满足下列条件的 m 的值：

（1）直线 l 与 x 轴平行；

（2）直线 l 与 y 轴平行.

4. 已知直线 l_1：$(a-1)x-2y+4=0$ 和直线 l_2：$ax+y-1=0$，求 a 取何值时，$l_1 /\!/ l_2$.

5. 求过点 $(-3，4)$ 且与直线 $2x-y+5=0$ 平行的直线方程.

6. 求平行于直线 $4x-y+3=0$，且在 y 轴上的截距是 -2 的直线方程.

B 组

1. 求过点 $A(-2，3)$，且分别满足下列条件的直线方程.
(1) 平行于直线 $3x+5y-7=0$；
(2) 平行于 x 轴.

2. 求过点 $M(-1，3)$ 且与斜率为 2 的直线平行的直线方程.

3. 已知直线 l 与直线 $3x-2y-6=0$ 平行，且直线 l 在 x 轴上的截距比在 y 轴上的截距大 1，求直线 l 的方程.

4. a 取何值时，直线 $ax-3y+1=0$ 与直线 $6x-4y+3=0$ 平行.

5. 已知直线 l_1：$x+my+6=0$ 和直线 l_2：$(m-2)x+3y+2m=0$ 互相平行，则实数 m 只能是（　　）. $\left(\text{提示：}l_1 /\!/ l_2 \Leftrightarrow \dfrac{A_1}{A_2}=\dfrac{B_1}{B_2}\neq\dfrac{C_1}{C_2}.\right)$

  A. $m=-1$ 或 $m=3$ B. $m=-1$

  C. $m=3$ D. $m=1$ 或 $m=-3$

习题 3.1.6

A 组

1. 若直线 l_1，l_2 的倾斜角分别为 α_1，α_2，且 $l_1 \perp l_2$，则（　　）.

  A. $\alpha_1 - \alpha_2 = 90°$ B. $\alpha_1 + \alpha_2 = 90°$

  C. $\alpha_1 + \alpha_2 = 180°$ D. $|\alpha_1 - \alpha_2| = 90°$

2. 判断下列各组内两条直线是否垂直.

 （1）l_1：$y=-2x+1$，l_2：$x+2y-3=0$；

 （2）l_1：$y=3x-2$，l_2：$x=-\dfrac{1}{3}y+1$.

3. 根据下列条件求直线方程.

 （1）经过点 $A(-1，4)$，且与直线 $2x-3y+5=0$ 垂直；

 （2）经过点 $A(0，2)$ 且与直线 $y=\dfrac{3}{2}x-1$ 垂直.

4. 已知直线 l_1：$2x+y-3=0$ 和直线 l_2：$(a+1)x+ay+2=0$，求 a 取何值时，$l_1 \perp l_2$.

5. 已知点 $A(2，5)$，$B(6，-1)$，$C(9，1)$，求证 $AB \perp BC$.

B 组

1. 若直线 l_1：$(2m-3)x+my-3=0$ 与直线 l_2：$x-3y-5=0$ 互相垂直，求 m 的值.

2. 已知点 $A(-1，-2)$ 和 $B(5，4)$，求：
(1) 线段 AB 的中点坐标；

(2) 线段 AB 的垂直平分线方程.

3. 已知△ABC 的三个顶点分别为 $A(-3，-5)$，$B(8，-1)$，$C(4，6)$，求 BC 边上的高 AD 所在直线的方程.

4. 直线 l_1：$ax-(a-1)y+1=0$ 与直线 l_2：$3x+ay-2=0$ 垂直，求 a 的取值. （提示：考虑直线斜率存在与不存在两种情况.）

习题 3.1.7

A 组

1. 下列直线中，与直线 $2x-y-3=0$ 相交的直线是（   ）.
A. $2ax-ay+6=0$（$a\neq0$）   B. $y=2x$
C. $y=2x+5$ D. $y=-2x+3$
2. 求直线 $3x-y+2=0$ 和直线 $2x+y+3=0$ 的交点坐标.

3. 判断下列各对直线的位置关系，如果相交，求出交点，并画出图形.

(1) l_1: $3x-2y=6$, l_2: $x+y=2$;

(2) l_1: $2x-3y+5=0$, l_2: $y=x$;

(3) l_1: $4x-2y+5=0$, l_2: $2x-y+7=0$.

4. 若三条直线 $2x+3y-2=0$, $x+y+1=0$ 和 $(2k-1)x+ky+1=0$ 相交于一点，求 k 的值.

B 组

1. 已知直线 $mx+2y-1=0$ 与直线 $2x-5y+n=0$ 垂直相交于点 $(1, a)$，则 $m=$ _____, $n=$ _____, $a=$ _____.

2. 求过直线 $x-2y+1=0$ 与直线 $2x+y-3=0$ 的交点，且垂直于直线 $y=\dfrac{1}{3}x$ 的直线方程.

3. 对于教材"相交直线的交点"部分例 2 所述产品，若每万件多收税 5 万元或每万件补贴 5 万元，试分别求出此两种条件下新的市场供需平衡点.（提示：这两种条件都只改变供应关系. 每万件多收税 5 万元，供应关系为 $(P-5)-3Q-5=0$；每万件补贴 5 万元，供应关系为 $(P+5)-3Q-5=0$.)

习题 3.1.8

A 组

1. 到 x 轴的距离等于 2 的 y 轴正半轴上的点的坐标为（　　）.

A.$(0，-2)$ B.$(2，0)$ C.$(0，2)$ D.$(0，\pm2)$

2. 原点 $(0，0)$ 到直线 $x-y-4=0$ 的距离是（　　）.

A.$\sqrt{10}$ B.$2\sqrt{2}$ C.$\sqrt{6}$ D.2

3. 点 $(2，3)$ 到直线 $3x-4y+m=0$ 的距离为 1，则 $m=$ _____.

4. 求下列点到直线的距离.

(1) $O(0，0)$，$3x+2y-26=0$；

(2) $A(-3，2)$，$3x+4y+11=0$；

(3) $B(1，-2)$，$4x+3y=0$；

(4) $C(4，-3)$，$y-5=0$.

5. 求下列两条平行直线间的距离.

(1) $3x-4y=3$ 和 $3x-4y+7=0$；

(2) $2x-y+1=0$ 和 $2x-y+6=0$.

6. 在 y 轴上求一点 P，使它到直线 $3x+4y-2=0$ 的距离是 2.

B 组

1. 已知直线 l 与两直线 l_1：$2x-y+3=0$ 和 l_2：$2x-y-1=0$ 的距离相等，则直线 l 的方程为_____.

2. 根据所给已知条件求值.

（1）已知点 $M(a$，$-2)$ 到直线 $3x+4y+5=0$ 的距离等于 6，求 a 的值；

（2）已知点 $A(-5$，$2)$ 到直线 $x-y+m=0$ 的距离等于 $\sqrt{2}$，求 m 的值.

3. 已知 $\triangle ABC$ 的三个顶点分别为 $A(4$，$0)$，$B(6$，$7)$，$C(0$，$3)$，求边 BC 上的高 AD 的长.

3.2 圆与方程

学习目标

> 会写圆的标准方程和一般方程，并能由圆的方程写出圆的圆心坐标和半径；能根据给定的直线与圆，用代数方法判断直线与圆的位置关系，体会数形结合思想；学会利用直线与圆的知识解决一些简单的实际问题.

学习提示

1. **圆的标准方程**：$(x-a)^2+(y-b)^2=r^2$，其中，圆心为 $(a$，$b)$，半径为 r.

2. **圆的一般方程**：$x^2+y^2+Dx+Ey+F=0\,(D^2+E^2-4F>0)$.

习题 3.2.1

A 组

1. 以 $O(2，-1)$ 为圆心，半径为 4 的圆的标准方程为 （　　）.

A. $(x-2)^2+(y+1)^2=4$　　　　　　B. $(x-2)^2+(y-1)^2=16$

C. $(x+2)^2+(y+1)^2=16$　　　　　　D. $(x-2)^2+(y+1)^2=16$

2. 点 $P(-1，2)$ 与圆 $(x+1)^2+(y-3)^2=1$ 的位置关系是 （　　）.

A. 点 P 在圆内　　　B. 点 P 在圆上　　　C. 点 P 在圆外　　　D. 不能确定

3. 以 $(3，1)$ 为圆心，且过点 $(2，0)$ 的圆的标准方程为＿＿＿＿＿＿＿＿＿＿＿＿＿＿.

4. 根据下列各圆的标准方程，写出圆心坐标和半径.

(1) $(x+1)^2+y^2=5$；

(2) $(x-4)^2+(y+2)^2=3$.

5. 求下列各圆的标准方程.

(1) 圆心在点 $C(-3，2)$，半径为 $\sqrt{2}$；

(2) 圆心坐标为 $(0，0)$，半径为 2；

(3) 圆心坐标为 $(0，-1)$，半径为 3.

6. 如题图所示为一圆拱桥的示意图，圆拱跨度（桥孔宽）$AB = 20$ m，拱高 $OP = 4$ m，在建造时每隔 4 m 需建一个支柱加以支撑．为求支柱的高度，采用以 AB 所在直线为 x 轴，线段 AB 的垂直平分线为 y 轴，建立平面直角坐标系 xOy，并设圆 C 的圆心为 $(0，k)$，半径为 r．

(1) 试写出圆 C 的方程以及点 P 与点 B 的坐标；

(2) 求支柱 A_2P_2 的高度．

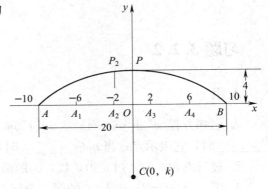

B 组

求下列各圆的标准方程．

(1) 半径是 3，圆心在 y 轴上，与直线 $y = 6$ 相切且位于其下方；

(2) 过点 $A(0，1)$ 和 $B(2，1)$，半径为 $\sqrt{5}$；

(3) 过点 $A(1，-1)$ 和 $B(3，1)$，圆心在 y 轴上；

(4) 圆心为直线 $x-y+3=0$ 与直线 $y=-2x+6$ 的交点，且过点 $(-2，3)$.

习题 3.2.2

A 组

1. 已知方程 $x^2+y^2+4x-2y+5m=0$，当 $m\in$ _____ 时，它表示圆；当 $m=$ _____ 时，它表示点；当 $m\in$ _____ 时，它不表示任何图形.

2. 过三点 $(0，0)$，$(1，1)$，$(2，0)$ 的圆的一般方程是 _____.

3. 圆 $x^2+y^2-2y-24=0$ 的圆心坐标为 _____，半径为 _____.

4. 把下列圆的一般方程转化为标准方程.

(1) $x^2+y^2-4x=0$；

(2) $x^2+y^2-2x+6y+6=0$.

5. 判断下列各方程表示的图形.

(1) $x^2+y^2+2x-4y+8=0$；

(2) $x^2+y^2=0$；

(3) $x^2+y^2-6x=0$.

6. 求圆 $x^2+y^2-4x+6y=0$ 和圆 $x^2+y^2-6x=0$ 的连心线方程.

7. 求下列各圆的圆心坐标和半径.

(1) $x^2+y^2-10x+8y=0$；

(2) $x^2+y^2-4y-2=0$；

(3) $2x^2+2y^2-4x+6y-5=0$.

B 组

1. 已知圆 $x^2+y^2-2x-8y+13=0$ 的圆心到直线 $2x-y+a=0$ 的距离为 $\sqrt{5}$，求 a 的值.

2. 求过点 $C(-1，1)$ 和 $D(1，3)$，且圆心在 x 轴上的圆的一般方程.

3. 求经过三点 $(-1，0)$，$(5，0)$ 和 $(3，4)$ 的圆的方程，并写出圆心坐标和半径.

4. 求经过两圆 $x^2+y^2+6x-4=0$ 和 $x^2+y^2+6y-28=0$ 的交点，且圆心在直线 $x-y-4=0$ 上的圆的方程.

习题 3.2.3

A 组

1. 若直线与圆相切，则下列说法不正确的是（　　）.

A. 直线方程与圆方程组成的方程组无解

B. 直线与圆只有一个交点

C. 圆心到直线的距离等于半径

D. 过切点的半径垂直于直线

2. 过圆 $x^2+y^2=4$ 上一点 $(1,-\sqrt{3})$ 的切线方程是（　　）.

A. $x+\sqrt{3}\,y=4$ 　　　　　　　　　　 B. $x-\sqrt{3}\,y=4$

C. $\sqrt{3}\,x+y=4$ 　　　　　　　　　　 D. $-\sqrt{3}\,x+y=4$

3. 直线 $y=-3x$ 与圆 $(x-1)^2+(y+3)^2=8$ 的位置关系是（　　）.

A. 相交且直线过圆心 　　　　　　　　 B. 相切

C. 相交但直线不过圆心 　　　　　　　 D. 相离

4. 判断下列各组直线 l 与圆 C 的位置关系.

(1) l：$3x-4y+2=0$，C：$(x+2)^2+(y-4)^2=25$；

(2) l：$4x-3y-5=0$，C：$(x+2)^2+(y-4)^2=25$；

(3) l：$2x-y+3=0$，C：$(x-1)^2+y^2=4$.

5. 求圆 $x^2+y^2-2x+4y+4=0$ 上的点到直线 $3x-4y+9=0$ 的最大距离和最小距离.（提示：最大距离等于圆心到直线的距离加半径，最小距离等于圆心到直线的距离与半径差的绝对值.）

6. 当 k 取何值时，直线 $2x - y + 5 = 0$ 与圆 $x^2 + y^2 = k$ 存在如下位置关系：

(1) 相交；

(2) 相切；

(3) 相离.

B 组

1. 当 b 取何值时，直线 $y = 2x + b$ 与圆 $x^2 + y^2 = 5$ 存在如下位置关系：

(1) 相交；

(2) 相切；

(3) 相离.

2. 已知圆和直线 $x - 6y - 10 = 0$ 相切于点 $(4，-1)$，且经过点 $(9，6)$，求圆的方程.

3. 求过圆 $x^2 + y^2 + 4x - 6y - 12 = 0$ 上一点 $A(3，1)$ 的圆的切线方程.

4. 求直线 $2x - y - 1 = 0$ 被圆 $x^2 + y^2 - 2y - 1 = 0$ 所截得的弦的长.

3.3 参数方程

学习目标

能说出参数方程的概念，会将曲线的参数方程化为普通方程.

学习提示

1. **直线的参数方程**：$\begin{cases} x = x_0 + t\cos a, \\ y = y_0 + t\sin a \end{cases}$（$t$ 为参数）.

2. **圆的参数方程**：$\begin{cases} x = a + r\cos\theta, \\ y = b + r\sin\theta \end{cases}$（$\theta$ 为参数），圆心为（a，b），半径为 r.

习题 3.3.1

A 组

1. 下列各点中，在直线 $\begin{cases} x = 3t, \\ y = -2 + t \end{cases}$ 上的是（　　）.

A.（3，6）　　　　　B.（1，0）　　　　　C.$\left(\dfrac{19}{5}，\dfrac{13}{5}\right)$　　　　　D.（3，-1）

2. 已知抛物线的普通方程是 $y = x^2 - 2x + 1$，若选取参数 $t = x - 1$，试写出抛物线的参数方程.

3. 已知直线过点 $A(-1，2)$，且倾斜角是 $60°$，试写出直线的参数方程.

4. 已知直线过点 $A(0，2)$，且倾斜角是 $\dfrac{3\pi}{4}$，试写出直线的参数方程.

5. 若直线 l 的参数方程为 $\begin{cases} x = 1 + 2t, \\ y = 2 - 3t \end{cases}$ (t 为参数)，求直线 l 的普通方程.

B 组

1. 直线 l 的参数方程为 $\begin{cases} x = 2 - 3t, \\ y = 1 + t \end{cases}$ (t 为参数)，则点 $(1，1)$ 到直线 l 的距离是 (   ).

A. $\dfrac{1}{10}$ B. $\dfrac{\sqrt{10}}{10}$ C. $\dfrac{\sqrt{7}}{10}$ D. $\dfrac{\sqrt{5}}{10}$

2. 直线 l 的参数方程为 $\begin{cases} x = -1 + 3t, \\ y = 2 - 4t \end{cases}$ (t 为参数).

(1) 判断点 $A(2，-2)$ 和 $B(-1，6)$ 与直线 l 的位置关系；

(2) 已知点 $C(m，-2)$ 在直线 l 上，求 m 的值.

习题 3.3.2

A 组

1. 已知圆的标准方程 $(x-1)^2 + (y+3)^2 = 25$，则该圆的参数方程为 _____ _____，圆心坐标为 _____，半径为 _____.

2. 已知圆的参数方程为 $\begin{cases} x = -1 + 4\cos\theta, \\ y = 4\sin\theta \end{cases}$ (θ 为参数)，则该圆的圆心坐标为 _____，半径为 _____.

3. 已知圆的圆心坐标为（－4，2），半径为 3，试写出圆的参数方程.

4. 已知圆的一般方程为 $x^2 + y^2 - 6x + 2y + 1 = 0$，试写出圆的参数方程.

B 组

1. 已知圆 $\begin{cases} x = 2r + r\cos\theta, \\ y = r\sin\theta \end{cases}$ $(r > 0，\theta$ 为参数) 的直径为 6，则圆心坐标为 _____.

2. 已知圆的参数方程为 $\begin{cases} x = 3 + 5\cos\theta, \\ y = -4 + 5\sin\theta \end{cases}$ $(\theta$ 为参数)，则该圆的圆心坐标为 _____

_____，半径为 _____.

习题 3.3.3

A 组

1. 把下列参数方程转化为普通方程，并说明它们各表示什么曲线.

(1) $\begin{cases} x = 2t + 3, \\ y = 3t - 1 \end{cases}$ $(t$ 为参数)；

(2) $\begin{cases} x = \cos\theta - 2, \\ y = \sin\theta + 1 \end{cases}$ $(\theta$ 为参数).

2. 把下列曲线的参数方程转化为普通方程.

(1) $\begin{cases} x = t + \dfrac{1}{t}, \\ y = t - \dfrac{1}{t} \end{cases}$ $(t$ 为参数)；

(2) $\begin{cases} x = \cos\theta - \sin\theta, \\ y = \cos\theta + \sin\theta \end{cases}$ $(\theta$ 为参数).

3. 与直线 $\begin{cases} x=2t, \\ y=3-4t \end{cases}$ (t 为参数) 表示同一条直线的是 (　　).

A. $\begin{cases} x=-t, \\ y=3+2t \end{cases}$ (t 为参数)　　　　　　B. $\begin{cases} x=t, \\ y=3+2t \end{cases}$ (t 为参数)

C. $\begin{cases} x=-t, \\ y=3-2t \end{cases}$ (t 为参数)　　　　　　D. $\begin{cases} x=2t, \\ y=3+4t \end{cases}$ (t 为参数)

B 组

把下列曲线的参数方程转化为普通方程.

(1) $\begin{cases} x=2^t, \\ y=2^t-4^t \end{cases}$ (t 为参数)；　　　　(2) $\begin{cases} x=\sin t-1, \\ y=\dfrac{1}{\sin t}+2 \end{cases}$ (t 为参数).

3.4　极坐标及应用

学习目标

　　能够复述极坐标系和点的极坐标的概念，能用极坐标描述点的位置；能够比较极坐标系和平面直角坐标系中点所在位置的联系和区别；能够复述极坐标方程的概念和特点，能建立直线和一些较为特殊的圆的极坐标方程，并能做出简图；体会在用方程表示平面图形时选择适当坐标系的意义.

学习提示

　　1. 设 M 点的直角坐标是 $(x，y)$，极坐标是 $(\rho，\theta)$，极坐标与直角坐标的转化公式为：

$$\begin{cases} x=\rho\cos\theta, \\ y=\rho\sin\theta \end{cases} \text{或} \begin{cases} \rho^2=x^2+y^2, \\ \tan\theta=\dfrac{y}{x}\ (x\neq0). \end{cases}$$

　　2. 极径 $\rho>0$，极角 $0\leqslant\theta\leqslant2\pi$.

习题 3.4.1

A 组

1. 在极坐标系中作出下列各点：$A(3, 0°)$，$B(2, 135°)$，$C(3, 60°)$，$D(4, 330°)$，$E(5, 270°)$，$F(5, 180°)$.

2. 将下列各点的极坐标转化为直角坐标.

(1) $A(3, \pi)$；

(2) $B\left(\sqrt{2}, \dfrac{3\pi}{4}\right)$；

(3) $C\left(3, \dfrac{4\pi}{3}\right)$；

(4) $D\left(4, \dfrac{11\pi}{6}\right)$.

3. 将下列各点的直角坐标转化为极坐标.

(1) $A(-3, \sqrt{3})$；

(2) $B(0, -5)$；

(3) $C(1, -1)$；

(4) $D(-4, -4\sqrt{3})$.

4. 方程 $y^2 = 4x$ 的极坐标形式为（　　）.

A. $\rho^2 + 4\cos\theta$

B. $\rho^2 = 4\sin\theta$

C. $(\rho\sin\theta)^2 = 4\cos\theta$

D. $(\rho\cos\theta)^2 = 4\sin\theta$

5. 将极坐标方程 $\rho\cos\theta + 2\rho\sin\theta = 1$ 转化成直角坐标方程为_____.

6. 炮兵发现在其东偏南 $60°$，距离为 $50\ \mathrm{km}$ 处有一目标. 试建立适当的极坐标系，用极坐标表示该目标的位置.

B 组

1. 在极坐标系中，极点为 O，已知点 $A\left(2,\dfrac{\pi}{2}\right)$，$B\left(\sqrt{2},\dfrac{3\pi}{4}\right)$，试判断 $\triangle ABO$ 是什么三角形？

2. 在极坐标系中，如果等边三角形 $\triangle ABC$ 的两个顶点的极坐标为 $A\left(2,\dfrac{\pi}{4}\right)$，$B\left(2,\dfrac{5\pi}{4}\right)$，求第三个顶点 C 的极坐标.

3. 已知 A，B 两点的极坐标分别是 $\left(2,\dfrac{\pi}{3}\right)$，$\left(4,\dfrac{5\pi}{6}\right)$，求 A，B 两点间的距离和 $\triangle AOB$ 的面积.

习题 3.4.2

A 组

1. 在极坐标系中，求符合下列条件的直线或圆的极坐标方程.

(1) 过极点，倾斜角为 $\dfrac{3\pi}{4}$ 的直线；

(2) 过点 $A\left(4, \dfrac{\pi}{3}\right)$，且和极轴垂直的直线；

(3) 圆心在 $C(5, \pi)$ 上，且半径为 5 的圆.

2. 把下列直角坐标方程转化为极坐标方程.

(1) $x=0$；

(2) $y=5$；

(3) $3x+2y-6=0$；

(4) $x^2+y^2=6x$.

3. 把下列极坐标方程转化为直角坐标方程.

(1) $\rho=10$；

(2) $\theta=\dfrac{5\pi}{6}$；

（3）$\rho = 5\sin\theta$；   （4）$\rho\cos\theta = 16\tan\theta$.

B 组

1. 极坐标方程分别是 $\rho = \cos\theta$ 和 $\rho = \sin\theta$ 的两个圆的圆心距为（   ）.

A. 1   B. 2   C. $\sqrt{2}$ D. $\dfrac{\sqrt{2}}{2}$

2. 求圆 $\rho = 6\cos\theta - 8\sin\theta$ 的圆心坐标和半径.

3. 已知直线的极坐标方程为 $\rho(\sin\theta - \cos\theta) = 1$，求极点到该直线的距离.

3.5 解析几何应用实例

学习目标

能进行有关检验、控制尺寸的计算；能结合加工实际，熟练求出有关圆的方程及圆心坐标；能对有关切点坐标进行计算；能运用解析几何知识解决简单的实际问题.

学习提示

1. 已知两点 $A(x_1，y_1)$，$B(x_2，y_2)$，则直线 AB 的斜率为 $k_{AB} = \dfrac{y_2 - y_1}{x_2 - x_1}$ $(x_1 \neq x_2)$.

2. 直线的斜率为 k，经过点 $(x_0，y_0)$ 的点斜式方程：$y-y_0=k(x-x_0)$.

3. 点 $(x_0，y_0)$ 到直线 $Ax+By+C=0$ 的距离为 $d=\dfrac{|Ax_0+By_0+C=0|}{\sqrt{A^2+B^2}}$.

4. 圆的标准方程为：$(x-a)^2+(y-b)^2=r^2$，圆心坐标为 $(a，b)$，半径为 r.

5. 圆的参数方程为 $\begin{cases} x=r\cos\theta, \\ y=r\sin\theta \end{cases}$（$\theta$ 为参数）.

习题 3.5.1

1. 某零件如图所示，要在 AB 两孔的中心连线上钻一个 D 孔，且使 $CD\perp AB$，试根据图示尺寸求 D 孔的坐标及 CD 的距离.

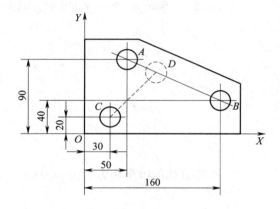

2. 有一样板如题图所示，尺寸见图，现要磨削该样板，根据基准尺寸试求圆心 O_1 的坐标.

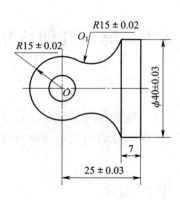

3. 有一样板如题图所示，求图中各圆弧所在圆的方程.

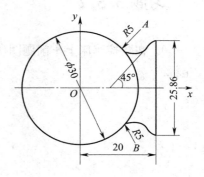

4. 已知条件如题图所示，试求圆弧 $R30\pm0.05$ 的圆心 O_1 的坐标$(x_{O_2},\ y_{O_2})$.

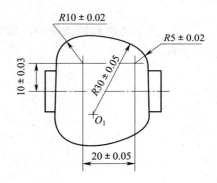

5. 有一块模板如题图所示，尺寸见图，试求圆弧 $R50\pm0.05$ 的圆心坐标 $O_1(x_{O_1},\ y_{O_1})$ 及夹角 α.

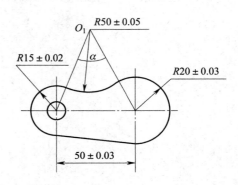

习题 3.5.2

1. 在数控车床上车削题图所示的零件，试计算圆弧 $\overset{\frown}{BC}$ 所在的圆方程及切点 B，C 的坐标.

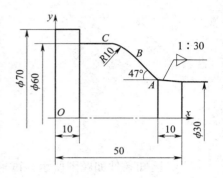

2. 已知条件如题图所示，试求 $R13$ 圆弧所在的圆方程及与倾斜角为 $30°$ 直线相切的切点坐标.

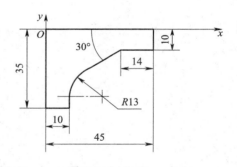

3. 已知条件如题图所示，试求 $R15$ 圆弧所在的圆方程及两切点 E，F 的坐标.

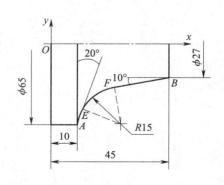

4. 已知条件如题图所示, 试求 $R12$ 圆弧所在的圆方程及其与直线相切的切点坐标.

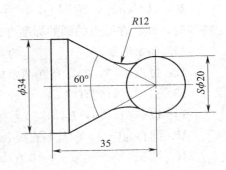

复习题

A 组

一、填空题

1. 直线倾斜角 α 的取值范围是_____. 当直线 l 与 x 轴_____时, 倾斜角 $\alpha=0°$.

2. 当倾斜角 $\alpha \neq 90°$ 时, 直线 l 的斜率 $k=$_____; 当倾斜角 $\alpha=90°$ 时, 直线 l 的斜率 $k=$_____. 这时, 直线与 x 轴_____.

3. 过点 $P_1(x_1, y_1)$ 和 $P_2(x_2, y_2)$ $(x_1 \neq x_2)$ 的直线 l 的斜率 $k=$_____. 当 $k>0$ 时, 直线 l 的倾斜角为_____角; 当 $k<0$ 时, 直线 l 的倾斜角为_____角.

4. 已知直线 l 经过点 $P_0(x_0, y_0)$, 直线 l 的斜率为 k, 则直线 l 的点斜式方程为_____.

5. 已知直线 l 经过点 $B(0, b)$, 斜率为 k, 则直线 l 的斜截式方程为_____, 其中 b 叫做_____.

6. 直线 l 经过点 $P_0(x_0, y_0)$, 当直线 l 与 x 轴平行时, 直线方程为_____; 当直线 l 与 y 轴平行时, 直线方程为_____.

7. 把形如 $Ax+By+C=0$ (A, B 不全为零) 的二元一次方程称为直线的_____式方程.

8. 设两条不重合的直线 l_1 和 l_2 的倾斜角分别为 α_1 和 α_2.

(1) 如果直线 l_1 和 l_2 的斜率分别为 k_1 和 k_2, 若 $l_1 /\!/ l_2$, 得到 α_1 _____ α_2, 从而得到 k_1 _____ k_2; 反之, 若 $k_1=k_2$, 则 α_1 _____ α_2, l_1 _____ l_2.

(2) 如果直线 l_1 和 l_2 的斜率都不存在, 则 $\alpha_1=\alpha_2=$_____. 这时, 直线 l_1 和 l_2 _____.

(3) 如果直线 l_1 和 l_2 的斜率分别为 k_1 和 k_2, 若 $l_1 \perp l_2$, 则 $k_1 k_2=$_____; 反之也成立. 当直线 l_1 的斜率为 0, 直线 l_2 的斜率不存在时, 直线 l_1 和 l_2 垂直.

9. 点 $P(x_0, y_0)$ 到直线 $Ax+By+C=0$ 的距离 $d=\underline{\hspace{3cm}}$.

10. 以 $C(a, b)$ 为圆心，r 为半径的圆的标准方程为 $\underline{\hspace{5cm}}$.
特别的，圆心在原点的圆的标准方程是 $\underline{\hspace{4cm}}$.

11. 如果形如 $\underline{\hspace{3cm}}$ 的方程能够表示一个圆，就把它称为圆的一般方程.

12. 过点 $P(3, 2)$，且在两坐标轴上的截距互为相反数的直线方程是 $\underline{\hspace{3cm}}$.

13. 点 $(3, 4)$ 到直线 $5x-12y+7=0$ 的距离是 $\underline{\hspace{2cm}}$.

14. 以 $A(1, 3)$，$B(3, 5)$ 为直径两端点的圆的标准方程为 $\underline{\hspace{3cm}}$.

15. 圆心为 $(-1, 6)$ 且与直线 $8x-15y-4=0$ 相切的圆的方程是 $\underline{\hspace{3cm}}$.

16. 圆 $x^2+y^2-2y-9=0$ 在 x 轴上截取的弦长为 $\underline{\hspace{3cm}}$.

17. 已知一直线过点 $A(5, -4)$，且倾斜角是 $\dfrac{\pi}{4}$，则直线的参数方程为 $\underline{\hspace{3cm}}$.

18. 已知圆的圆心为 $(-5, 3)$，半径为 5，则圆的参数方程为 $\underline{\hspace{3cm}}$.

19. 在极坐标系中，已知点 $A\left(5, \dfrac{\pi}{3}\right)$ 和 $B\left(6, \dfrac{2\pi}{3}\right)$，则 $|AB|=\underline{\hspace{3cm}}$.

20. 曲线 C 的参数方程为 $\begin{cases} x=t, \\ y=t^2 \end{cases}$（$t$ 为参数），则曲线 C 的极坐标方程为 $\underline{\hspace{3cm}}$.

二、选择题

1. 有两点 $A(2, 0)$ 和 $B(6, -8)$，则线段 AB 的中点坐标是（　　）.

A. $(8, -8)$ 　　　　B. $(-4, 8)$ 　　　　C. $(4, -8)$ 　　　　D. $(4, -4)$

2. 直线 $4x-3y-12=0$ 与坐标轴的两交点间的距离是（　　）.

A. 25 　　　　B. 12 　　　　C. 5 　　　　D. 3

3. 过点 $M(2, -1)$ 且斜率 $k=\sqrt{3}$ 的直线是（　　）.

A. $\sqrt{3}x-y-2\sqrt{3}-1=0$ 　　　　B. $\sqrt{3}x+y-2\sqrt{3}-1=0$

C. $\sqrt{3}x-y+2\sqrt{3}-1=0$ 　　　　D. $\sqrt{3}x+y+2\sqrt{3}-1=0$

4. 直线 $x=3$ 的倾斜角是（　　）.

A. $0°$ 　　　　B. $90°$ 　　　　C. $180°$ 　　　　D. 不存在

5. 已知两直线 $2x+my+3=0$ 与 $x+2y-3=0$ 互相垂直，则 m 等于（　　）.

A. 4 　　　　B. -4 　　　　C. -1 　　　　D. 1

6. 两直线 $4x+y+3=0$ 与 $x+4y-1=0$ 的位置关系是（　　）.

A. 平行 　　　　B. 重合 　　　　C. 相交 　　　　D. 垂直

7. 点 $P(-1, 1)$ 到直线 $x-y=1$ 的距离是（　　）.

A. $-\dfrac{3\sqrt{2}}{2}$ 　　　　B. $\dfrac{3}{2}$ 　　　　C. 1 　　　　D. $\dfrac{3\sqrt{2}}{2}$

8. 圆 $x^2+y^2-2x+2y=0$ 的周长是（　　）.

A. $2\sqrt{2}\pi$ 　　　　B. 2π 　　　　C. $\sqrt{2}\pi$ 　　　　D. 4π

9. 与圆 $x^2+y^2=2$ 相切的直线方程是（　　）.

A. $y=x+\sqrt{2}$ 　　　　B. $y=x-\sqrt{2}$ 　　　　C. $y=x-1$ 　　　　D. $y=x-2$

10. 方程 $x^2+y^2-6x-2y+10=0$ 表示的图形是 （　　）.

A. 圆　　　　　　　B. 一个点　　　　　　C. 两条直线　　　　　　D. 不表示任何图形

三、解答题

1. 已知 $A(-3，1)$，$B(5，2)$，$C(-1，4)$，求△ABC 中边 BC 上的中线 AD 所在直线的方程.

2. 直线 l 在 y 轴上的截距为 5，并且与圆 $x^2+y^2=5$ 相切，求此直线 l 的方程.

3. 已知一圆的圆心既在直线 $x-y=0$，又在直线 $x+y-4=0$ 上，且该圆经过原点，求该圆的方程.

4. 某隧道横断面由高为 3 m 的圆弧和长与宽分别为 6 m 与 2 m 的矩形组成，如题图所示. 有一辆载货卡车宽 3 m，车与货共高 4 m.

（1）建立适当的平面直角坐标系，求出圆弧所在的圆的方程；

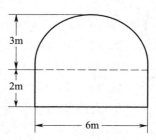

(2) 该车能否通过此隧道？请说明理由．

5. 如图所示，高 1 m 的桌子边有一个小球，现将小球以 2 m/s 的初速度水平射出去．试写出小球运动轨迹的参数方程（取重力加速度 $g=10$ m/s^2）.

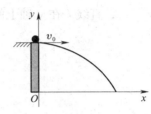

B 组

一、填空题

1. 过直线 $3x+2y+1=0$ 与直线 $2x-3y+5=0$ 的交点，且垂直于直线 $6x-2y+5=0$ 的直线方程是_____.

2. 经过三点 $A(1，2)$，$B(-1，0)$，$C(0，-\sqrt{3})$ 的圆的方程为_____.

3. 直线 $y=2x+b$ 与圆 $x^2+y^2=9$ 相切，则 $b=$_____.

4. 直线 $y=ax-3a+2$ $(a\in\mathbf{R})$ 必过定点_____.

二、选择题

1. 已知直线 $2x+3y=1$，则直线的斜率为（　　）．

A. $\dfrac{2}{3}$　　　　　B. $\dfrac{3}{2}$　　　　　C. $-\dfrac{2}{3}$　　　　　D. $-\dfrac{3}{2}$

2. 过点 $A(1，2)$ 且与直线 $2x-3y+1=0$ 平行的直线是（　　）．

A. $2x-3y-4=0$　　　　　　　　B. $2x-3y+4=0$

C. $3x+2y-7=0$　　　　　　　　D. $3x+2y+7=0$

3. 直线 $2x+y+m=0$ 与直线 $x+2y+n=0$ 的位置关系为（　　）．

A. 平行　　　　　　　　　　　　B. 垂直

C. 相交但不垂直　　　　　　　　D. 不能确定

4. 圆 $x^2+y^2-10y=0$ 的圆心到直线 $3x+4y-5=0$ 的距离为（　　）．

A. $\dfrac{3}{5}$　　　　　B. 3　　　　　C. $\dfrac{5}{7}$　　　　　D. 15

5. 参数方程 $\begin{cases} x = t + \dfrac{1}{t}, \\ y = 2 \end{cases}$（$t$ 为参数）表示的曲线是（　　）.

A. 一条直线 　　　　　　　　　　　　B. 两条直线

C. 一条射线 　　　　　　　　　　　　D. 两条射线

三、解答题

1. 求经过点 $A(-1，4)$，$B(3，2)$，且圆心在 y 轴上的圆的方程.

2. 由点 $A(3，2)$ 向圆 $x^2 + y^2 - 4x + 2y - 4 = 0$ 引切线，求切点与点 A 的距离.

3. 光线从点 $M(4，-1)$ 射到 y 轴上一点 $P(0，2)$ 后，被 y 轴反射，求反射光线所在的直线方程.（提示：反射光线与原光线相对直线 $y = 2$ 对称.）

测 试 题

总分 100 分，时间 90 分钟

一、选择题（每小题 3 分，共 30 分）

1. 直线 l 经过点 $A(0，-1)$ 和点 $B(3，2)$，则它的斜率是（　　）.
   A. 1　　　　　　　B. -1　　　　　　　C. 0　　　　　　　D. 2

2. 直线 $\sqrt{3}x-y+2=0$ 的倾斜角为（　　）.
   A. 30°　　　　　　B. 60°　　　　　　C. 120°　　　　　　D. 150°

3. 点 $P(1，-2)$ 关于 x 轴的对称点的坐标为（　　）.
   A. $(-1，-2)$　　　B. $(1，2)$　　　C. $(-1，-2)$　　　D. $(-2，1)$

4. 过点 $M(1，3)$ 与直线 $3x-y+1=0$ 平行的直线方程是（　　）.
   A. $3x-y+1=0$　　　　　　　　B. $x+3y=0$
   C. $x+3y+1=0$　　　　　　　　D. $3x-y=0$

5. 如果直线 $x+ky+1=0$ 与 $2x-y+2=0$ 互相垂直，则 k 的值为（　　）.
   A. -2　　　　B. $\dfrac{1}{2}$　　　　C. 2　　　　D. $-\dfrac{1}{2}$

6. 点 $(2，2)$ 到直线 $x+2y-1=0$ 的距离为（　　）.
   A. $\sqrt{5}-1$　　　B. $\sqrt{5}+1$　　　C. $\sqrt{5}$　　　D. 2

7. 直线 $x-2y+9=0$ 与圆 $(x-2)^2+(y-3)^2=16$ 的位置关系是（　　）.
   A. 相交但直线不过圆心　　　　　B. 相交且直线过圆心
   C. 相离　　　　　　　　　　　　D. 相切

8. 在平面上，点 $A(4，-1)$ 与圆心在 $O(1，3)$ 半径 $R=5$ 的圆的位置关系是（　　）.
   A. A 在圆外　　　B. A 在圆上　　　C. A 在圆内　　　D. 不能确定

9. 已知曲线 C 的参数方程是 $\begin{cases} x=2\cos\theta, \\ y=2\sin\theta \end{cases}$（$\theta$ 为参数），曲线 C 在直角坐标系中的方程是（　　）.
   A. $2x+y=0$　　　B. $x+2y=0$　　　C. $x^2+y^2=2$　　　D. $x^2+y^2=4$

10. 将点 M 的极坐标 $\left(2，\dfrac{\pi}{3}\right)$ 化成直角坐标为（　　）.

   A. $\left(\dfrac{\pi}{3}，2\right)$　　　　　　　　B. $(\sqrt{3}，1)$

   C. $\left(\dfrac{\pi}{3}，1\right)$　　　　　　　　D. $(1，\sqrt{3})$

二、填空题（每题 4 分，共 20 分）

1. 若点 $P(2m，1)$ 在直线 $y=2x+3$ 上，则 $m=$ _____.

2. 直线 $y-2x+4=0$ 与 x 轴、y 轴所围成的三角形面积为 _____.

3. 经过点 $A(-1，0)$、圆心在点 $C(3，4)$ 的圆的标准方程为_____.

4. 已知方程 $x^2+y^2+2x-4y-k=0$ 是圆，则 k 的取值范围是_____.

5. 圆心在原点，半径是 5 的圆的参数方程是_____.

三、解答题（共 4 题，共 50 分）

1. （10 分）求过三点 $O(0，0)$，$M(1，1)$，$N(4，2)$ 的圆的方程，并求这个圆的半径和圆心坐标.

2. （10 分）已知直线 l 的参数方程为 $\begin{cases} x=t-m，\\ y=t \end{cases}$（$t$ 为参数），圆 C 的参数方程为 $\begin{cases} x=1+2\cos\theta，\\ y=2\sin\theta \end{cases}$（$\theta$ 为参数）. 若直线 l 与圆 C 相切，求实数 m 的值.

3. （15 分）题图所示是一个需要磨削加工的零件的部分图纸，零件尺寸如图所示，磨削加工的过程中需要知道点 O 到直线 MN 的距离，试求出这个距离.

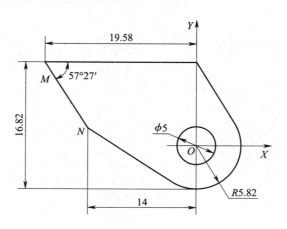

4. (15 分) 在数控机床上加工一工件，已知编程用轮廓尺寸如题图所示，其中直线 AB 与弧 $\overparen{BC}$ 相切于点 B，试求其基点 B，C 及圆心 D 的坐标.

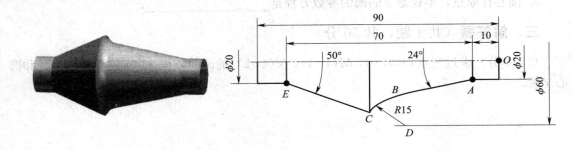

第4章

平面解析几何（Ⅱ）
——椭圆、双曲线、抛物线

4.1　曲线与方程

学习目标

　　理解曲线方程的概念，并掌握求曲线方程的步骤；能够根据条件，求一些较简单的、常用的曲线方程.

学习提示

　　1. 曲线与方程的定义：

　　在平面直角坐标系中，如果某条曲线 C（可以将其看作适合某种条件的点的集合或轨迹）上点的坐标都是二元方程 $F(x，y)=0$ 的解，同时以方程 $F(x，y)=0$ 的解为坐标的点都在曲线 C 上，那么，方程 $F(x，y)=0$ 称为曲线 C 的方程，而曲线 C 是这个方程 $F(x，y)=0$ 的曲线.

　　2. 求曲线方程的步骤：

　　（1）建立适当的平面直角坐标系；

　　（2）设曲线上任意一点 P（或动点）的坐标为 $(x，y)$；

　　（3）写出点 P 的限制条件，即列出等式；

　　（4）将点的坐标代入等式，得方程 $F(x，y)=0$；

　　（5）化简方程 $F(x，y)=0$（此过程应为同解变形）.

　　由于化简过程是同解变形，所以可以省略证明"以化简后的方程的解为坐标的点都是曲线上的点"的过程.

习题 4.1.1

A 组

1. 下列各点中，在曲线 $x^2-xy+2y+1=0$ 上的点是（　　　）.

A．$(2，-2)$　　　　　　B．$(4，-3)$　　　　　　C．$(3，10)$　　　　　　D．$(-2，5)$

2. （1）已知方程 $(x+1)^2+(y-2)^2=r^2$ 的曲线经过点 $(1，4)$，求 r 的值；

（2）在什么情况下，方程$(x-a)^2+(y-b)^2=r^2$的曲线经过坐标原点.

B 组

1. 到两坐标轴距离相等的点组成的直线的方程是$x-y=0$吗，为什么？

2. 到x轴距离等于1的点组成的直线的方程是$y=1$吗，为什么？

3. 过点$(2，0)$且平行于y轴的直线方程是$x=2$吗，为什么？

习题 4.1.2

A 组

1. 求与定点$A(1，2)$距离等于5的点的轨迹方程.

2. 求与两定点 $A(3，1)$ 和 $B(-1，5)$ 距离相等的点的轨迹方程.

B 组

1. 已知动点 P 到点 $A(3，0)$ 和直线 $x=-3$ 的距离相等，求动点 P 的轨迹方程.

2. 已知两点 A 和 B 的距离为 6，选择适当的坐标系，求线段 AB 的垂直平分线的方程.

习题 4.1.3

A 组

1. 求直线 $y=x+1$ 与曲线 $x^2+y^2=2$ 的交点坐标.

2. 已知直线 $4x-3y=20$ 与圆 $x^2+y^2=25$ 相交于 A，B 两点. 求：
(1) A，B 两点的坐标；

（2）求弦长$|AB|$.

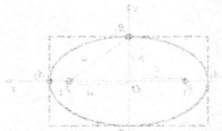

B组

k 为何值时，直线 $kx-y+1=0$ 与曲线 $x^2+2y^2=1$ 有两个不同的交点；k 为何值时，有一个交点；k 为何值时，没有交点.

4.2 椭圆

学习目标

　　掌握椭圆的定义，熟练掌握椭圆的标准方程，掌握椭圆的几何性质；能运用椭圆的知识，解决与椭圆相关的一些问题.

学习提示

1. **椭圆的定义**：

平面上到两定点的距离之和为常数（大于两定点间的距离）的动点的轨迹叫做椭圆，这两个定点叫做椭圆的焦点，两焦点之间的距离叫做椭圆的焦距.

2. **椭圆的标准方程**：

形式 1　焦点在 x 轴上：$\dfrac{x^2}{a^2}+\dfrac{y^2}{b^2}=1\,(a>b>0)$，

其中，$a^2=b^2+c^2$，焦点坐标分别为 $F_1(-c,\ 0)$ 和 $F_2(c,\ 0)$.

形式 2　焦点在 y 轴上：$\dfrac{y^2}{a^2}+\dfrac{x^2}{b^2}=1\,(a>b>0)$，

其中，$a^2=b^2+c^2$，焦点坐标分别为 $F_1(0,\ -c)$ 和 $F_2(0,\ c)$.

3. 椭圆的性质:

椭圆的标准方程: $\dfrac{x^2}{a^2}+\dfrac{y^2}{b^2}=1$ $(a>b>0)$. 如下图所示:

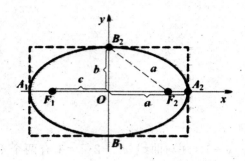

(1) 范围: 椭圆位于直线 $x=\pm a$ 和 $y=\pm b$ 所围成的矩形之内.

(2) 对称性: 椭圆关于 x 轴、y 轴、坐标原点都是对称的. 因此, x 轴和 y 轴都是椭圆的对称轴, 坐标原点是椭圆的对称中心 (简称椭圆的中心).

(3) 顶点: 椭圆与 x 轴相交于两个点 $A_1(-a,0)$, $A_2(a,0)$, 椭圆与 y 轴相交于两个点 $B_1(0,-b)$, $B_2(0,b)$, 这四个点称为椭圆的顶点.

(4) 长、短轴: 线段 A_1A_2 称为椭圆的长轴, 线段 B_1B_2 称为椭圆的短轴, 长轴和短轴的长度分别为 $2a$ 和 $2b$, a 称为椭圆的长半轴长, b 称为椭圆的短半轴长, c 称为椭圆的半焦距. 椭圆短轴的端点到两个焦点的距离相等, 且等于长半轴长.

习题 4.2.1

A 组

1. 椭圆 $\dfrac{y^2}{16}+\dfrac{x^2}{9}=1$ 的焦点为 (　　).

A. $(-5,0)$ 和 $(5,0)$ 　　　　　　　　 B. $(0,-5)$ 和 $(0,5)$

C. $(-\sqrt{7},0)$ 和 $(\sqrt{7},0)$ 　　　　　 D. $(0,\sqrt{7})$ 和 $(0,-\sqrt{7})$

2. 椭圆 $\dfrac{x^2}{16}+\dfrac{y^2}{9}=1$ 上一点 P 到一个焦点的距离为 3, 则 P 到另一个焦点的距离为 (　　).

A. 6 　　　　　　 B. 5 　　　　　　 C. 4 　　　　　　 D. 3

3. 已知动点 P 与两定点 $F_1(-8,0)$ 和 $F_2(8,0)$ 的距离之和为 20, 则动点 P 的轨迹方程是 (　　).

A. $\dfrac{x^2}{100}+\dfrac{y^2}{36}=1$ 　　 B. $\dfrac{x^2}{36}+\dfrac{y^2}{100}=1$ 　　 C. $\dfrac{x^2}{36}+\dfrac{y^2}{64}=1$ 　　 D. $\dfrac{y^2}{36}+\dfrac{x^2}{64}=1$

4. 写出适合下列条件的椭圆的标准方程.

(1) $b=3$，$c=4$，焦点在 y 轴上；

(2) $a=2$，并经过点 $(1，\sqrt{2})$；

(3) 椭圆上任意一点到两焦点的距离之和是 20，焦距是 12.

B组

1. 写出适合下列条件的椭圆的标准方程.

(1) 中心在原点，焦点在 x 轴上，且过两点 $(4，3)$ 和 $(6，2)$；

(2) 已知椭圆的两个焦点是 $(0，3)$ 和 $(0，-3)$，且 $\dfrac{b}{a}=\dfrac{4}{5}$.

2. 已知椭圆 $\dfrac{x^2}{9}+\dfrac{y^2}{25}=1$，过椭圆一个焦点 F_1 的直线交椭圆于 A，B 两点，求 $\triangle AF_2B$ 的周长.

3. 已知△ABC 的一边 BC 长为 6，周长为 16，求动点 A 的轨迹方程.

习题 4.2.2

A 组

1. 求椭圆 $9x^2+25y^2=225$ 的长轴长、短轴长、顶点坐标和焦点坐标，并用描点法画出它的图形.

2. 求适合下列条件的椭圆的标准方程.

(1) 中心在原点，焦点在坐标轴上，长轴长为 10，焦距为 6；

(2) 中心在原点，焦点坐标为(−4，0)，(4，0)，其中两个顶点坐标为(0，3)和(0，−3).

B 组

1. 已知椭圆的中心在原点，焦点在 x 轴上，短轴长为 8，经过点$(3，2\sqrt{3})$，求椭圆的标准方程.

2. 已知椭圆的两个焦点为 $F_1(0, -\sqrt{3})$ 和 $F_2(0, \sqrt{3})$, 通过 F_1 且垂直于 F_1F_2 的弦长为 1, 求此椭圆的标准方程.

3. 我国发射的科学实验人造地球卫星的运行轨道是以地球的中心为一个焦点的椭圆, 近地点距地球表面 266 km, 远地点距地球表面 1 826 km, 求这颗卫星的轨道方程. (地球半径约为 6 371 km.)

习题 4.2.3

A 组

1. 已知椭圆的参数方程 $\begin{cases} x = 2\cos\theta, \\ y = \sqrt{3}\sin\theta \end{cases}$ (θ 为参数), 则椭圆的标准方程是＿＿＿＿＿＿, 长轴长 $2a =$ ＿＿＿＿, 短轴长 $2b =$ ＿＿＿＿, 焦距 $2c =$ ＿＿＿＿.

2. 已知椭圆的参数方程 $\begin{cases} x = 3\cos\theta, \\ y = 4\sin\theta \end{cases}$ (θ 为参数), 则椭圆的标准方程是＿＿＿＿＿＿, 椭圆的四个顶点坐标分别为 ＿＿＿＿＿＿＿＿＿＿＿＿＿＿＿＿＿＿ , 焦点坐标为＿＿＿＿＿＿ .

3. 写出椭圆 $\dfrac{x^2}{25} + \dfrac{y^2}{16} = 1$ 的参数方程.

B 组

已知椭圆方程 $\dfrac{x^2}{4} + \dfrac{y^2}{9} = 1$.

(1) 写出椭圆的参数方程;

(2) 设 $P(x，y)$ 是椭圆上一点，求 $2x+y$ 的最大值和最小值.

实 践 活 动

　　准备一张圆形白纸，在圆内任取不同于圆心的一点 F 做标记，折叠纸片，使圆周上一点过 F，将白纸展开得到一道折痕；换圆周上的另一点重复该过程，如此折叠一周. 仔细观察所有折痕围成的图形，它们形成什么曲线? 你能得到什么结论?

（含有折痕的圆形白纸粘贴处）

实践结论：

4.3 双曲线

学习目标

掌握双曲线的定义，能说出其焦点、焦距的意义. 能根据定义，按照求曲线方程的步骤推导出双曲线的标准方程，并能熟练地写出两类标准方程. 能解决较简单的求双曲线标准方程的问题.

掌握焦点在 x 轴和 y 轴上的双曲线的几何性质，能熟练地写出双曲线的顶点、范围、对称性、对称轴、渐近线方程和离心率，能解决简单的求双曲线性质的问题.

学习提示

1. 双曲线的定义：

平面内与两个定点 F_1，F_2 的距离之差的绝对值等于常数（小于 $|F_1F_2|$）的点的轨迹叫做**双曲线**. 这两个定点叫做双曲线的**焦点**，两焦点的距离叫做双曲线的**焦距**.

2. 双曲线标准方程：

焦点在 x 轴上：$\dfrac{x^2}{a^2} - \dfrac{y^2}{b^2} = 1$（$a > 0$，$b > 0$），焦点坐标：$(-c, 0)$，$(c, 0)$.

焦点在 y 轴上：$\dfrac{y^2}{a^2} - \dfrac{x^2}{b^2} = 1$（$a > 0$，$b > 0$），焦点坐标：$(0, -c)$，$(0, c)$.

3. a，b，c 三个参数的关系：

$c^2 = a^2 + b^2$.

4. 双曲线性质：

双曲线性质	
焦点在 x 轴上	焦点在 y 轴上
范围：$x \geqslant a$ 或 $x \leqslant -a$； 对称性：关于 x 轴，y 轴，原点对称； 顶点：$A_1(-a, 0)$，$A_2(a, 0)$； 轴：实轴 A_1A_2；虚轴 B_1B_2； 渐近线方程：$y = \pm\dfrac{b}{a}x$； 离心率：$e = \dfrac{c}{a}$.	范围：$y \geqslant a$ 或 $y \leqslant -a$； 对称性：关于 x 轴，y 轴，原点对称； 顶点：$B_1(0, -a)$，$B_2(0, a)$； 轴：实轴 B_1B_2；虚轴 A_1A_2； 渐近线方程：$y = \pm\dfrac{a}{b}x$； 离心率：$e = \dfrac{c}{a}$.

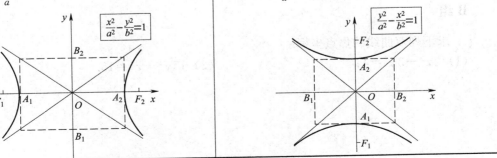

习题 4.3.1

A 组

1. 双曲线 $\dfrac{y^2}{16}-\dfrac{x^2}{9}=1$ 的焦点为 （　　）.

A. $(-5，0)$ 和 $(5，0)$ 　　　　　　　　　　B. $(0，-\sqrt{7})$ 和 $(0，\sqrt{7})$

C. $(0，-10)$ 和 $(0，10)$ 　　　　　　　　D. $(0，-5)$ 和 $(0，5)$

2. 双曲线 $\dfrac{x^2}{16}-\dfrac{y^2}{9}=1$ 上的一点到一个焦点的距离为 12，则该点到另一个焦点的距离为

（　　）.

A. 2　　　　　　　　B. 22　　　　　　　　C. 2 或 22　　　　　　D. 6 或 22

3. 根据下列条件求双曲线的标准方程.

（1）两个焦点是 $F_1(-\sqrt{13}，0)$ 和 $F_2(\sqrt{13}，0)$，双曲线上任意一点到它们的距离之差的绝对值是 4；

（2）焦点在 x 轴上，焦距为 10，且 $\dfrac{c}{a}=\dfrac{5}{3}$；

（3）$a=2\sqrt{5}$，经过点 $A(2，-5)$，焦点在 y 轴上.

B 组

1. 求下列双曲线的焦点坐标.

（1）$2x^2-3y^2=4$；　　　　　　　　　　（2）$15y^2-x^2=15$.

2. 设双曲线与椭圆 $\dfrac{x^2}{27}+\dfrac{y^2}{36}=1$ 有相同的焦点，且与该椭圆相交，一个交点的纵坐标为 4，则此双曲线的方程为（　　）.

A. $\dfrac{x^2}{5}-\dfrac{y^2}{4}=1$　　　　B. $\dfrac{x^2}{4}-\dfrac{y^2}{5}=1$　　　　C. $\dfrac{y^2}{5}-\dfrac{x^2}{4}=1$　　　　D. $\dfrac{y^2}{4}-\dfrac{x^2}{5}=1$

3. 设双曲线 $\dfrac{x^2}{9}-\dfrac{y^2}{16}=1$ 的左右焦点分别为 F_1 和 F_2，过 F_1 的直线与双曲线左支交于 A，B 两点，且 $|AB|=12$，求 $\triangle ABF_2$ 的周长.

习题 4.3.2

A 组

1. 求双曲线 $x^2-4y^2=16$ 的实半轴长、虚半轴长、顶点坐标、焦点坐标、离心率和渐近线方程，并画出它的曲线图.

2. 写出符合下列条件的双曲线的标准方程.
(1) 两顶点间的距离是 8，两焦点为 $(5,0)$，$(-5,0)$；

(2) 虚轴长等于 12，焦距为实轴的 2 倍；

(3) 一个焦点是$(-5,0)$，一条渐近线方程是$y=-\dfrac{3}{4}x$；

(4) 焦点在 x 轴上，焦距是 16，$e=\dfrac{c}{a}=\dfrac{4}{3}$.

B组

1. 等轴双曲线的一个焦点是$(-6,0)$，求它的标准方程和渐近线方程.

2. 双曲线的焦点在 y 轴上，且经过点 $P(-2,4)$ 和点 $Q(2\sqrt{2},2\sqrt{6})$，求该双曲线的标准方程.

3. 在相距 1 000 m 的 A，B 两个哨所，听到炮弹爆炸声的时间相差 2 s，已知声速是 340 m/s，求炮弹爆炸点在怎样的曲线上.

准备一张方形白纸，在其上绘制一个圆，在圆外任取一定点做"·"标记，折叠纸片，使圆周上一点落在定点位置，得到一条折痕；换圆周上的另一点重复该过程，如此折叠一周. 仔细观察所有折痕围成的图形形状，你能得到什么结论？

（含有折痕的方形白纸粘贴处）

实践结论：

4.4 抛物线

学习目标

　　掌握抛物线的定义及其标准方程. 进一步熟悉坐标法，能根据已知条件用坐标法求抛物线的方程. 会根据抛物线的标准方程，正确判断其开口方向，求焦点坐标，准线方程，画出其图形. 会根据抛物线的焦点坐标或准线方程，求出该抛物线的标准方程.

学习提示

1. **抛物线定义**：

平面上与一定点和一条定直线的距离相等的点的轨迹（或集合）叫做**抛物线**. 这个定点叫做抛物线的**焦点**，用 F 表示，定直线叫做抛物线的**准线**.

2. 抛物线的性质：

图形	焦点	准线	方程
	$F\left(\dfrac{p}{2}, 0\right)$	$x=-\dfrac{p}{2}$	$y^2=2px \ (p>0)$
	$F\left(-\dfrac{p}{2}, 0\right)$	$x=\dfrac{p}{2}$	$y^2=-2px \ (p>0)$
	$F\left(0, \dfrac{p}{2}\right)$	$y=-\dfrac{p}{2}$	$x^2=2py \ (p>0)$
	$F\left(0, -\dfrac{p}{2}\right)$	$y=\dfrac{p}{2}$	$x^2=-2py \ (p>0)$

习题 4.4.1

A 组

1. 抛物线 $y^2=8x$ 的焦点到准线的距离是（　　）.

A. 8　　　　　　　　B. 4　　　　　　　　C. 2　　　　　　　　D. 6

2. 已知动点 P 到点 $F(3，0)$ 和直线 $x=-3$ 的距离相等，则动点 P 的轨迹方程为（　　）.

　　A. $y^2=12x$　　　　B. $x^2=12y$　　　　C. $x^2=-24y$　　　　D. $y^2=24x$

3. 抛物线 $x^2=4y$ 上一点 M 到焦点的距离是 3，则点 M 到准线的距离是_____，点 M 的纵坐标是_____.

4. 求下列抛物线的焦点坐标和准线方程.

　　(1) $y^2=20x$；　　　　　　　　　　　　　(2) $x^2=\dfrac{1}{2}y$；

(3) $2y^2 + 5x = 0$;   (4) $x^2 + 8y = 0$.

B 组

1. 已知抛物线 $y^2 = 2px(p>0)$ 的准线与圆 $(x-3)^2 + y^2 = 16$ 相切，则 p 的值为（   ）.

A. $\dfrac{1}{2}$ B. 1   C. 2   D. 4

2. 求抛物线 $y = ax^2(a<0)$ 的焦点坐标和准线方程.

3. 顶点在原点，过点 $(4，8)$ 的抛物线的标准方程.

习题 4.4.2

A 组

1. 求顶点在原点，并分别满足下列条件的抛物线的标准方程.
(1) 焦点 $F(3，0)$；

（2）准线方程：$x = -\dfrac{1}{4}$；

（3）焦点到准线的距离是 2，且以 y 轴为对称轴.

2. 已知抛物线关于 x 轴对称，它的顶点在坐标原点，并且经过点 $M(2, -2\sqrt{2})$，求它的标准方程，并画出它的图形.

3. 如题图所示，某零件轮廓 AOB 是一段抛物线，宽为 2 m，高为 0.5 m，求该抛物线的标准方程.

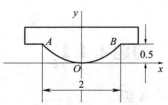

4. 一抛物线拱桥跨度为 52 m，拱顶离水面 6.5 m，一竹排上载有一宽 4 m，高 6 m 的大木箱，问竹排能否安全通过拱桥？

B 组

1. 根据下列条件，求抛物线的标准方程.

(1) 顶点在坐标原点，关于 x 轴对称，且过点 $(1，3)$；

(2) 顶点在坐标原点，关于 y 轴对称，且过点 $(-4，8)$.

2. 经过抛物线 $y^2 = 2px$ $(p > 0)$ 的焦点作一直线垂直于它的对称轴，交抛物线于点 P_1，P_2，线段 P_1P_2 叫做抛物线的通径. 求通径 P_1P_2 的长.

复习题

A 组

一、填空题

1. 椭圆 $9x^2 + 4y^2 = 36$ 的长轴长是_____，焦点坐标是_____.

2. 双曲线 $9x^2 - y^2 = 81$ 的顶点坐标是_____，渐近线方程是_____.

3. 抛物线 $y^2 + x = 0$ 的焦点坐标是_____，准线方程是_____.

二、选择题

1. 双曲线 $\dfrac{x^2}{7} - \dfrac{y^2}{9} = -1$ 的焦点坐标是（　　）.

A. $(0，-\sqrt{2})$，$(0，\sqrt{2})$　　　　　　　B. $(-\sqrt{2}，0)$，$(\sqrt{2}，0)$

C. $(0，-4)$，$(0，4)$　　　　　　　D. $(-4，0)$，$(4，0)$

2. 椭圆的中心是原点，焦点在坐标轴上，焦距为 12，$\dfrac{c}{a}=0.6$，则该椭圆的标准方程为（　　）.

A. $\dfrac{x^2}{64}+\dfrac{y^2}{100}=1$

B. $\dfrac{x^2}{100}+\dfrac{y^2}{64}=1$

C. $\dfrac{x^2}{64}+\dfrac{y^2}{100}=1$ 或 $\dfrac{x^2}{100}+\dfrac{y^2}{64}=1$

D. 以上答案都不对

3. 双曲线 $\dfrac{1}{2}x^2-2y^2=32$ 的实轴和虚轴长分别是（　　）.

A. 实轴长为 16，虚轴长为 64

B. 实轴长为 16，虚轴长为 8

C. 实轴长为 8，虚轴长为 16

D. 实轴长为 32，虚轴长为 16

4. 抛物线 $y=\dfrac{1}{m}x^2\ (m>0)$ 的焦点坐标是（　　）.

A. $\left(0,\dfrac{m}{4}\right)$ 　　　　B. $\left(0,-\dfrac{m}{4}\right)$ 　　　　C. $\left(0,\dfrac{1}{4m}\right)$ 　　　　D. $\left(0,-\dfrac{1}{4m}\right)$

三、解答题

1. 求过点 $(-3,2)$ 且与椭圆 $\dfrac{x^2}{9}+\dfrac{y^2}{4}=1$ 有相同焦点的椭圆的标准方程.

2. 求以坐标原点为中心，对称轴为坐标轴，实轴与虚轴之和为 28，焦距为 20 的双曲线的标准方程.

3. 抛物线的顶点在坐标原点，对称轴是 y 轴，且经过点 $P(-6,-3)$，求该抛物线的标准方程.

B 组

一、填空题

1. 椭圆 $9x^2+4y^2=36$ 的长半轴长为_____，短半轴长为_____，焦点坐标为_____，顶点坐标为_____．

2. 抛物线 $2x^2+5y=0$ 的焦点坐标是_____，准线方程是_____，对称轴是_____，顶点坐标是_____，开口方向是_____．

3. 以原点为中心，一个焦点坐标是 $(0，-4)$，一条渐近线是 $3x-2y=0$ 的双曲线的标准方程为_____．

二、选择题

1. 抛物线 $y^2=-4x$ 上一点 P 到焦点的距离为 4，则它的横坐标是（　　）．

A．-4 　　　　　 B．-3 　　　　　 C．-2 　　　　　 D．-1

2. 当方程 $\dfrac{x^2}{9-k}+\dfrac{y^2}{4-k}=1$ 表示焦点在 x 轴上的双曲线时，k 的值为（　　）．

A．$k<4$ 　　　　 B．$4<k<9$ 　　　 C．$k<9$ 　　　　 D．$k>9$

3. 已知椭圆的两个焦点坐标分别是 $(-\sqrt{5}，0)$ 和 $(\sqrt{5}，0)$，并且经过点 $(3，-2)$，则该椭圆的标准方程是（　　）．

A．$\dfrac{x^2}{10}+\dfrac{y^2}{15}=1$ 　　　　　　　　　 B．$\dfrac{x^2}{15}+\dfrac{y^2}{10}=1$

C．$\dfrac{x^2}{4}+\dfrac{y^2}{6}=1$ 　　　　　　　　　 D．$\dfrac{x^2}{6}+\dfrac{y^2}{4}=1$

4. 双曲线 $\dfrac{y^2}{9}-\dfrac{x^2}{5}=1$ 的焦距是（　　）．

A．4 　　　　　 B．$\sqrt{14}$ 　　　　 C．$2\sqrt{14}$ 　　　　 D．8

三、解答题

1. 求与椭圆 $\dfrac{x^2}{4}+\dfrac{y^2}{9}=1$ 有相同的焦点，且过点 $(-2，3)$ 的椭圆的标准方程．

2. 求以椭圆 $\dfrac{x^2}{8} + \dfrac{y^2}{5} = 1$ 的焦点为顶点，并以椭圆的顶点为焦点的双曲线的标准方程.

3. 直线 $y = x - 1$ 与抛物线 $y^2 = 2px$ 交于两点 A，B，且 $|AB| = 8$，求该抛物线的标准方程.

测 试 题

总分 100 分，时间：90 分钟

一、选择题（每题 3 分，共 30 分）

1. 下列各点中，在曲线 $x^2+y^2-25=0$ 上的点是（　　）.
   A. $(-1, 0)$　　　B. $(3, 2)$　　　C. $(4, 3)$　　　D. $(6, -1)$

2. 已知曲线 $x^2+y^2-xy-C=0$ 经过点 $(0, -2)$，则常数 C 的值为（　　）.
   A. -11　　　B. 11　　　C. 5　　　D. 4

3. 到点 $A(1, 0)$ 和点 $B(0, 1)$ 的距离相等的动点轨迹方程为（　　）.
   A. $y=x$　　　B. $y=-x$　　　C. $y=x-1$　　　D. $y=x+1$

4. 动点 P 到点 $F_1(-4, 0)$ 和 $F_2(4, 0)$ 的距离之和为 10，则动点 P 的轨迹方程为（　　）.

   A. $\dfrac{x^2}{9}+\dfrac{y^2}{25}=1$　　　　　　　　B. $\dfrac{x^2}{25}+\dfrac{y^2}{16}=1$

   C. $\dfrac{x^2}{9}+\dfrac{y^2}{16}=1$　　　　　　　　D. $\dfrac{x^2}{25}+\dfrac{y^2}{9}=1$

5. 已知椭圆的焦点在 y 轴上，中心在原点，短半轴的长为 3，且经过点 $(0, -5)$，则椭圆的标准方程为（　　）.

   A. $\dfrac{x^2}{9}+\dfrac{y^2}{25}=1$　　　　　　　　B. $\dfrac{x^2}{9}+\dfrac{y^2}{16}=1$

   C. $\dfrac{x^2}{25}+\dfrac{y^2}{16}=1$　　　　　　　　D. $\dfrac{x^2}{16}+\dfrac{y^2}{25}=1$

6. 设 M 是椭圆 $\dfrac{x^2}{25}+\dfrac{y^2}{9}=1$ 上的一点，F_1，F_2 是椭圆的两个焦点，如果 $|MF_1|=6$，那么 $|MF_2|=$（　　）.
   A. 6　　　B. 2　　　C. 4　　　D. 8

7. 双曲线 $\dfrac{x^2}{64}-\dfrac{y^2}{36}=1$ 的焦距为（　　）.

   A. 10　　　B. 20　　　C. 16　　　D. 2

8. 动点 P 到点 $F_1(0, -10)$ 和 $F_2(0, 10)$ 的距离之差的绝对值为 12，则动点 P 的轨迹方程为（　　）.

   A. $\dfrac{x^2}{64}-\dfrac{y^2}{36}=1$　　　　　　　　B. $\dfrac{y^2}{64}-\dfrac{x^2}{36}=1$

   C. $\dfrac{y^2}{36}-\dfrac{x^2}{64}=1$　　　　　　　　D. $\dfrac{x^2}{100}-\dfrac{y^2}{64}=1$

9. 已知抛物线的准线方程是 $x=-9$，则抛物线的标准方程是（　　）.
   A. $y^2=36x$　　　B. $x^2=36y$　　　C. $x^2=-36y$　　　D. $y^2=-36x$

10. 已知动点 P 到点 $F(-3, 0)$ 和直线 $x=3$ 的距离相等，则动点 P 的轨迹方程为（　　）.

A. $y^2 = -24x$　　　　B. $x^2 = 12y$　　　　C. $x^2 = -24y$　　　　D. $y^2 = -12x$

二、填空题（每题 4 分，共 20 分）

1. 与 x 轴的距离为 4 的动点轨迹方程为_____.

2. 曲线 $x - y^2 - 4 = 0$ 与 x 轴的交点坐标为_____.

3. 已知椭圆的参数方程为 $\begin{cases} x = 4\cos\theta, \\ y = 5\sin\theta \end{cases}$（$\theta$ 为参数），则椭圆的标准方程为_____.

4. 双曲线的焦点是 $F_1(0, -6)$ 和 $F_2(0, 6)$，且经过点 $A(2, -5)$，则双曲线的标准方程为_____.

5. 已知抛物线关于 y 轴对称，且经过点 $(2, 8)$，则该抛物线的标准方程为_____.

三、计算题（每题 5 分，共 20 分）

1. 已知两定点 $A(-5, 1)$，$B(3, 5)$，现有动点 P 使得 $|PA| = |PB|$，求点 P 的轨迹方程.

2. 若点 $(-3, 0)$ 是椭圆 $x^2 + 2y^2 - k = 0$ 上的一点，求椭圆的焦点坐标.

3. 已知方程 $\dfrac{x^2}{m^2 - 1} + \dfrac{y^2}{m - 2} = 1$ 表示焦点在 x 轴上的双曲线，求实数 m 的取值范围.

4. 已知圆 $x^2 + y^2 - 6x - 7 = 0$ 与抛物线 $y^2 = 2px$（$p > 0$）的准线相切，求 p 的值.

四、解答题（每题 6 分，共 30 分）

1. 椭圆的中心在原点，且有一个焦点是抛物线 $y^2 = 8x$ 的焦点，长轴长为 8，求这个椭圆的标准方程.

2. 某新开发楼盘有一块矩形空地，长为 40 m，宽为 20 m，开发商打算最大程度地利用这块空地，设计一个椭圆形的花坛以美化环境，你能帮忙建立合适的坐标系，求出这个椭圆的标准方程并画出草图吗？

3. 已知双曲线与椭圆 $4x^2 + y^2 = 64$ 共焦点，双曲线的实轴长和虚轴长之比为 $\sqrt{3} : 3$，求该双曲线的标准方程.

4. 已知一抛物线形拱桥洞，拱顶距离水面 2 m，水面宽 16 m，水面上升 1 m 后，水面宽度变为多少？

5. 双曲线型的自然通风塔如图所示，它是由双曲线的一部分绕其虚轴旋转而成的曲面. 现在要建造这样一个通风塔，设该塔的最小横截面半径为 3 m，塔顶横截面为 4 m，塔底横截面半径为 6 m，塔底横截面到最小横截面的距离为 $4\sqrt{3}$ m，求塔顶横截面到最小横截面的距离.

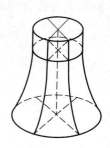